U0258947

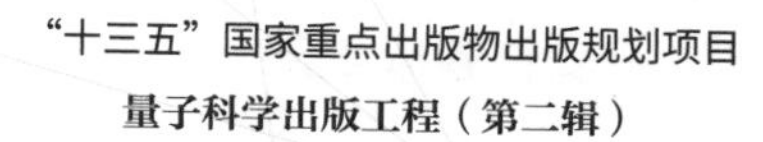

The Theory of
Fundamental Processes

理查德·费曼 著

肖志广 杨焕雄 高道能 译

基本过程理论

中国科学技术大学出版社

安徽省版权局著作权合同登记号:第 12211983 号

The Theory of Fundamental Processes / by Richard P. Feynman / ISBN: 9780201360776

图书在版编目(CIP)数据

基本过程理论/(美)费曼(R. P. Feynman)著;肖志广,杨焕雄,高道能译. —合肥:中国科学技术大学出版社,2021.3
(量子科学出版工程. 第二辑)
书名原文:The Theory of Fundamental Processes
国家出版基金项目
"十三五"国家重点出版物出版规划项目
ISBN 978-7-312-05174-6

Ⅰ. 基…　Ⅱ. ①费… ②肖… ③杨… ④高…　Ⅲ. 量子论　Ⅳ. O413

中国版本图书馆 CIP 数据核字(2021)第 042579 号

基本过程理论
JIBEN GUOCHENG LILUN

出版　中国科学技术大学出版社
安徽省合肥市金寨路 96 号,230026
http://press.ustc.edu.cn
https://zgkxjsdxcbs.tmall.com
印刷　合肥华苑印刷包装有限公司
发行　中国科学技术大学出版社
经销　全国新华书店
开本　787 mm×1092 mm　1/16
印张　11.25
字数　233 千
版次　2021 年 3 月第 1 版
印次　2021 年 3 月第 1 次印刷
定价　78.00 元

译者的话

量子力学和相对论构成了贯穿20世纪的物理学发展的任督二脉.在探索微观粒子高速运动的规律的过程中,人们试图打通任督二脉,将量子力学和狭义相对论相融合,从而发展出了量子场论,为当今的高能粒子物理学奠定了理论基础.费曼的这部问世于20世纪60年代现代粒子物理学发展初期的讲义,正是从量子力学和狭义相对论的原理出发,对处于当时粒子物理学前沿的量子电动力学、弱相互作用以及强相互作用的理论进行了阐述.

在步入21世纪20年代的今天,人们对于微观高能粒子世界的认识已经远远超出了费曼当时所处年代的水平,其基本规律以更加优美统一的粒子物理标准模型呈现于世,并已成功地经历了无数次实验的精确检验,成为物理学教科书中不可或缺的内容.那么,我们为什么还要翻译20世纪60年代标准模型还没有提出时费曼的这些讲义呢?最初在接到翻译任务时,我们也产生过些许困惑.但是,随着翻译工作的进行,我们渐渐体会到现在来看这些讲义的意义.

首先,物理学是一门探索未知规律的实验科学.费曼做这些讲座的时候粒子物理的基本规律并没有完全找到,实验也并不是很完善,某些实验本身也可能有问题.费曼的讲义里面则充分体现了如何从一些实验的蛛丝马迹出发去探索背后规律而进行尝试的过程,有失败,有成功,也有不确定.这正是一名科研人员面对未知的世界并剖析其规律时所经常面对的处境.与之相反,一般教科书中大多直接给出我们现有的比较成功的规律或模型,但对获得这些规律、模型的探索过程,往往惜墨如金.另外,对于强相互作用,由于涉及非微扰的效应,即使是现在处理起来仍然比较困难,没有严格的处理方式,所以人们对强相互作用的认识仍然有限.费曼的讲义里也对强相互作用的困难进行了讨论,部分地记录了当时人们为寻找强相互作用规律所做的努力.所以,此讲义为读者了解粒子物理学发展初期的探索过程提供了一个契机,这对深入学习粒子物理学课程及进一步开展研究或将大有裨益.

其次,费曼在做这些讲座时也在寻求一种有个性的讲解方式,尝试绕过量子场论的系统化程式,通过对实验结果的分析直接给出或从一些已经熟悉的规律来找出计算可观测量所需的规则,现在称之为费曼规则.这就需要通过各种物理的考虑来界定这些规则,从而给费曼规则赋予了鲜明的物理内涵.费曼的这种讲述方式体现了他对物理图像深刻的理解和洞见,处处闪烁着智慧的火花.而在一般的量子场论著作中,费曼规则的建立往往充斥着枯燥的形式推导,但对其背后的物理考虑讨论得不够充分.读者往往迷失于形式化的、漂亮的数学推导中,忘记了对于物理图像的体会和理解.因此,此讲义对于学习量子场论也是一个有益的补充.

在阅读此讲义时,建议读者最好把自己置身于20世纪60年代的时代背景下.当初的一些术语、数学符号的约定等都与现在不同,例如,频率的单位,现在流行用兆赫兹(MHz),但费曼用的是兆周(Mc);能量单位,现在流行用GeV,但费曼用的是bev;矩阵求迹运算,现在流行的符号是tr,但费曼使用的符号是spur,等等.译文对此类问题的处理方案是在其第一次出现时做了译者注,供读者参考.另外,原书的排版是打字机打的,有很多错误,包括打字错误、公式标号错误、章节引用错误、公式本身的错误等,我们已经将遇到的错误进行了订正,大多数都加了译者注(有些公式里面的错误太多且很琐碎,就没有加注).尽管如此,肯定还会有我们遗漏的错误.书中的公式也基本上维持了原版打字机打印的格式.所以读者阅读时要有自己的判断,推导公式时也不要完全迷信书上的公式.还有,译者都不是专业的翻译人员,缺乏翻译经验,受限于自身有限的专业水平和文字功底,书中难免会有对原文理解有误、翻译不准确的地方,敬请各位读者及同行不吝指正.

译　者

2021年2月于中国科大

序

自 1961 年以来，艾迪生-韦斯利出版公司(Addison-Wesley Publishing Company)出版的“物理学前沿丛书”(*Frontiers in Physics*)使得顶尖的物理学家可以将他们对物理学中最激动人心的和最活跃领域的最新进展的看法以自洽的方式进行讲述——不需要专门花时间和精力来准备正式的综述和专著.实际上，在将近 40 年里，此系列丛书一贯强调在风格和内容上的非正式性以及教学意义上的清晰性.从长远来看，随着人们对这些最前沿课题的兴趣的逐渐衰减，以及渐渐将它们整合到物理学的知识体系中，可以想象这些非正式的阐述或将被更加正式的教科书或专著所取代.然而，这对于此系列的某些著作来说被证明并不适用：许多著作由于有需求而仍然在出版发行，而还有一些由于其内在的价值使得物理学界要求我们延长它们的出版年限.

“高等经典丛书”(*Advanced Book Classics*)正是为了满足这一需求而设计的.此丛书会将“物理学前沿丛书”及其姊妹系列“物理学讲义及补充”(*Lecture Notes and Supplements in Physics*)中人们持续感兴趣的课题的相关部分卷册继续出版发行.通过一定规模的印制，这些经典将会以可以接受的价格呈现给读者.

费曼在康奈尔关于基本过程理论的讲义最初是包含在“物理学前沿丛书”中，作为第一组讲义的一部分出版的. 正如费曼的其他讲义一样,本书的讲述反映出他深刻的洞见,对高能物理新颖而独到的理解,以及他教学上的非凡才能. 这些讲义不论是对初学的学生,还是对有经验的研究者,都提供了一个关于粒子物理基本过程以及费曼对于此课题高度原创性的讲解方式的有价值的介绍.

大卫 · 佩因斯(David Pines)

厄巴纳,伊利诺伊州(Urbana, Illinois)

1997 年 12 月

前言

本书是在1958年去康奈尔大学访问时进行的一系列专题讲座的讲义合集.当面对一群与授课者所在大学不同的学生群体进行授课时,授课者会有不可抑制的欲望想走捷径,省略有难度的细节,并试验教学方法.任何由于某些独特的观点而对学生产生的伤害将会被遗留下来,由其他人负责去治愈.

我们现今理解的这部分物理(电动力学、β衰变、同位旋规则、奇异数)具有某种简单性,但是这种简单性在那些我们相信最终将要被用来理解强相互作用所必需的复杂的形式化的表述中常常会不复存在.为了使自己成为能够有朝一日找到理解这些强相互作用的钥匙的理论物理学家而做准备,人们可能会认为完全掌握这些复杂的形式化的表述应该是必需的.这有可能是对的,但是有可能反过来也是对的;也许远离那些其他人不成功的努力方向才是必需的.不管怎样,看一看有多少情形是我们的理论知识能真正进行分析的并且能被实验所验证的总是一个好的想法.对现有知识中哪些是最本质的,哪些是可以在不与实验发生严重冲突的前提下进行修改的有一个更清晰的了解,这实际上是必需的.

本讲义集对所有存在着或多或少完整的定量理论的现象背后的理论进行了阐述.但是有一个例外,色散理论在分析π介子-核子散射中所取得的部分成功被省略了.这主要是由于缺少时间.1959~1960年,我在加州理工学院讲课时用了这个讲义的一部分作为参考.在那里,色散理论和用主要极点来估算散射截面是作为附加的内容而讲授的,但是很不幸的是,我当时没有将其做成讲义.

这些讲义是在康奈尔大学讲课时由卡拉瑟斯(P. A. Carruthers)和诺恩伯格(Nauenberg)直接记录的.第6～14章原来是作为在日内瓦举行的第二届和平利用原子能会议的报告撰写的,由尤拉(H. T. Yura)编辑和校对过.

费曼(R. P. Feynman)

帕萨迪纳,加利福尼亚州(Pasadena, California)

1961年11月

目录

第 1 章

量子力学基本原理的回顾

这些讲座将会涵盖所有的物理学.因为我们相信多粒子系统的行为可以通过少数粒子的相互作用来理解,我们将会主要考虑后者.考虑到为了解释已观测到的现象,现有的理论需要修改或校正,我们希望考虑量子力学基础的最普遍形式.这样才能使我们对为了表述被用来处理奇异粒子新现象的那一部分理论所用到的最少的假设(以及其特性)获得一定的认识.

本书的大致提纲如下:首先,我们讨论量子力学的基本概念,主要是振幅[①]的概念,强调其他的知识如角动量的合成规则等主要是由这个概念衍生的结果.其次,简要地介绍相对论和反粒子的概念.这之后,我们给出一个关于所有已知粒子以及它们之间所有已知相互作用的完备的定性描述.然后,我们回到对现在可以进行计算的两种相互作用的详细的定量研究,即β衰变的耦合和电磁耦合.我们将把主要的时间放在对后者的研究上.此研究被称为量子电动力学.

由此,我们从对量子力学原理的回顾开始.现在已经发现所有观测到的物理过程可

① 译者注:amplitude,本书中统一翻译成“振幅”.现在在量子力学中被称为“probability amplitude”,翻译为概率(振)幅或几率(振)幅.

以按照如下方式来理解：每一个过程对应一个振幅①；通过恰当的归一化处理，这个过程发生的概率等于这个振幅的模平方．这些术语的确切含义将会在随后的例子中变得越来越清楚．我们将要在后面找到计算这些振幅的规则．

首先，我们仔细地考虑电子的双缝实验．一束动量均为 p 的电子入射到双缝上．严格地说，我们考虑相继入射的电子在竖直方向上随机分布（我们制备的每一个电子动量 $p=p_x, p_y=p_z=0$）．（费曼：它们从一个洞中以确定的能量发射过来．）

当电子撞击到屏幕上时，我们记录下撞击点的位置．我们考虑的过程是这样的：一个具有确定动量的电子以某种方式穿过双缝系统飞向屏幕（见图 1.1）．现在不允许问电子穿过了哪个缝隙，除非我们真的安装了一台设备来确定之．但是那样的话，我们考虑的将是一个完全不同的过程！尽管如此，我们可以将之前要考虑的过程的振幅和电子穿过缝(1)的振幅(a_1)与穿过缝(2)的振幅(a_2)这两个完全独立的振幅产生联系．[例如，当缝(2)关上时，电子撞到屏幕上的振幅是 a_1（概率②是 $|a_1|^2$），等等．]自然界给出了如下规则：$a=a_1+a_2$．这是量子力学叠加原理的一个特殊情形（见参考文献[1]）．这样电子到达屏幕的概率是 $P_a=|a|^2=|a_1+a_2|^2$．显然，一般来说，我们有 $P_a \neq P_{a_1}+P_{a_2}$（$P_{a_1}=|a_1|^2$，$P_{a_2}=|a_2|^2$），这是和经典情形有区别的．我们称之为概率的“干涉”③（见参考文献[2]）．P_a 的实际形式在光学里面很常见．

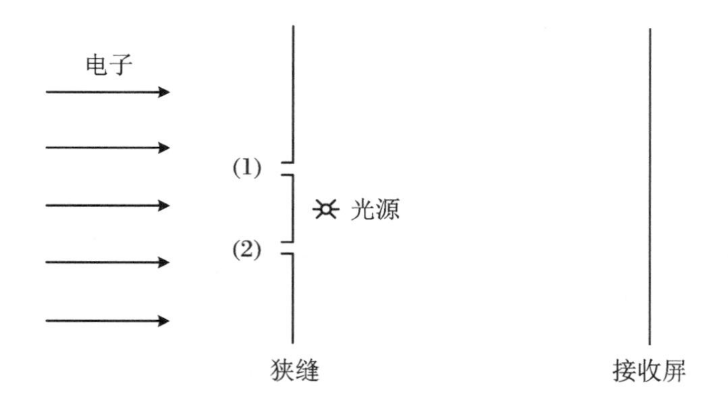

图 1.1

现在，假设我们在缝(1)和缝(2)之间放一个光源（见图 1.1），用于确定电子到底是从哪一个缝里穿过的（我们观察散射的光子）．在这种情况下，干涉条纹将与两个缝分别单

① 一个复数．

② 译者注：此处 $|a_1|^2$，$|a_2|^2$ 以及后面的 P_a 等与屏幕上的坐标有关，实际上应该是电子打在屏幕上的位置的概率密度分布．

③ 译者注：现在称之为概率波(probability wave)的干涉．

独考虑时一样.对这种情形的一种解释是对电子坐标进行测量的动作导致动量的一个不确定性(Δp_y),这同时对振幅的位相有一个不可控的影响,以至对许多电子做平均后,由于有这个完全随机的不可控的位相而使得“干涉”项为零(对此观点的详细描述见参考文献[3]).不过,我们更倾向于如下观点:通过追踪电子的位置我们实际上改变了所研究的过程.现在我们必须考虑光子以及它和电子的相互作用.所以我们考虑如下振幅:

a_{11} = 电子穿过缝(1)并且光子在缝(1)后面被电子散射的振幅

a_{21} = 电子穿过缝(2)并且光子在缝(1)后面被电子散射的振幅

a_{12} = 电子穿过缝(1)并且光子在缝(2)后面被电子散射的振幅

a_{22} = 电子穿过缝(2)并且光子在缝(2)后面被电子散射的振幅

对于在缝(1)处看到的一个电子并且到达屏幕的振幅,$a' = a_{11} + a_{21}$;对于在缝(2)处看到的一个电子,$a'' = a_{12} + a_{22}$.很明显,对于一个适当设计的实验,$a_{12} \cong 0 \cong a_{21}$ 使得 $a_{11} \cong a_1$,$a_{22} \cong a_2$,a_1,a_2 是前面实验的振幅.现在 a' 和 a'' 对应不同的过程,所以电子到达屏幕上的概率是 $P'_a = |a'|^2 + |a''|^2 = |a_1|^2 + |a_2|^2$.

另一个例子是中子在晶格上的散射.

(1) 忽略自旋:在观测点,总的振幅等于从各原子上散射的振幅的和.我们得到通常的布拉格衍射图样.

(2) 自旋效应:假设所有的原子自旋朝上,中子自旋朝下(假设原子的自旋是局域的).(a) 没有自旋反转——和上面的讨论一样.(b) 自旋反转了——即使散射能量和波长跟实验(a)相同,也不会有衍射图样.原因很简单,参与散射的原子的自旋反转了,原则上我们可以区分这个原子和其他的原子.在这种情况下,在第 i 个原子处的散射和第 $j \neq i$ 个原子处的散射是不同的散射过程.

如果不是(局域的)原子自旋反转而是我们激发了(非局域的)自旋波,波数 $k = k_{入射} - k_{散射}$,我们仍然可以期望有部分衍射的效应.

考虑在质心系的散射角为90°的散射过程[见图1.2(a)~(d)]:

(a) 两个全同的无自旋的粒子:有两种不可区分的散射过程可以发生.这时总的振幅$=2a$,概率 $P = 4|a|^2$,是经典散射的两倍.

(b) 两个可区分的无自旋粒子:这时上面两个过程是可区分的,使得 $P = |a|^2 + |a|^2 = 2|a|^2$.

(c) 两个带自旋的电子:这里这两个过程是可区分的,使得 $P = |a|^2 + |a|^2 = 2|a|^2$.

(d) 但是,如果两个入射电子自旋都朝上,则这两个过程不可区分.总的振幅$= a - a = 0$.所以,这里我们有了一个新的特性.我们将在后面的章节里深入讨论.

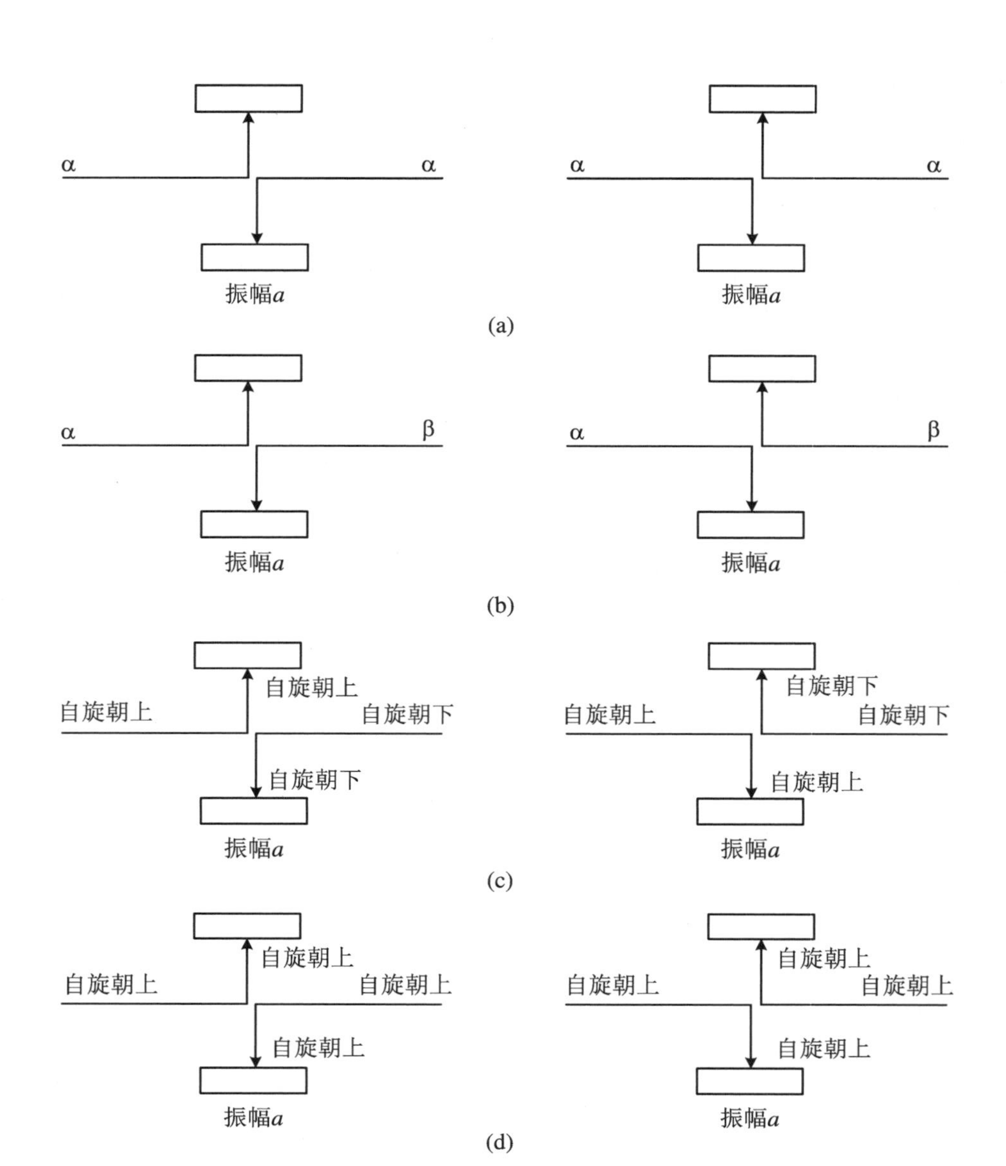

图 1.2

问题 1.1 假设我们有从两个源发出的无线电波(例如两个脉冲星),要求算出它们之间的距离有多远.我们用两个接收器同时在两点测量辐射强度并记录它们的乘积随相对位置的变化.这个关联量的测量可以用来计算所需要的距离.如果只有一个接收器,平均下来我们不会接收到图样,因为 A 和 B 两个辐射源的相对位相是随机的而且是有涨落的.例如,在图 1.3 中,如果相对位相为零(见表 1.1),我们把两个接收器放在接收图样的两个极大值处.如果 L 和 R 一个在极大值处、一个在极小值处,我们有表 1.2.找出两个探测器中同时接收到光子的概率.考察改变接收器位置产生的影响.从量子力学的角度考虑这个问题.

辐射源

B

A

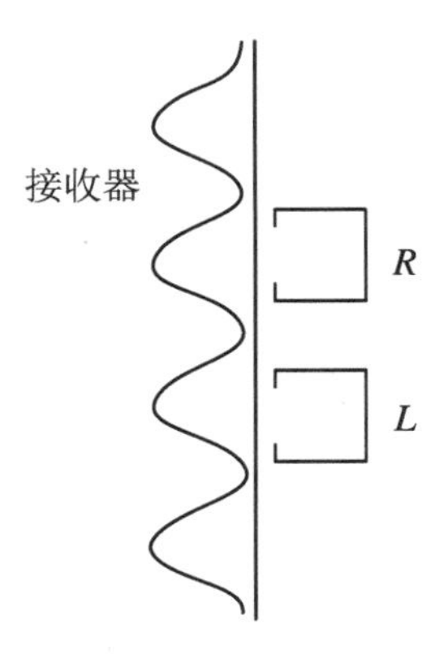

图 1.3

表 1.1

源的相对位相	L （共同的）	R （极大）	乘积
0°	2	2	4
180°	0	0	0
90°	1	1	1
270°	1	1	1
			平均＝1.5

表 1.2

源的相对位相	L （共同的）	R （极小①）	乘积
0°	2	0	0
180°	0	2	0
90°	1	1	1
270°	1	1	1
			平均＝0.5

① 译者注:原文为“极大”。

问题 1.1 的讨论

我们同时接收到光子可以有四种可能性：

(1) 两个光子都来自于 A：振幅 a_1.

(2) 两个光子都来自于 B：振幅 a_2.

(3) L 接收到的光子来自于A，R 的来自于B：振幅 a_3.

(4) L 接收到的光子来自于B，R 的来自于A：振幅 a_4.

(1)和(2)两个过程是可以相互区分的，和(3)，(4)也是可以区分的. 但是，(3)和(4)是不可以相互区分的.[例如，对于(1)和(2)，我们原则上可以通过测量辐射源的能量来找出是哪一个源放出的光子.]

这样，$P=|a_1|^2+|a_2|^2+|a_3+a_4|^2$. 其中，$|a_3+a_4|^2$ 包含干涉效应. 注意：如果我们讨论的是电子而不是光子，那么这一项应该是$|a_3-a_4|^2$.

第 2 章

自旋和统计

我们应该学着直接根据量子力学进行思考.唯一神秘的事情是为什么我们必须要对振幅进行叠加,进而按规则 $P = |总振幅|^2$ 计算某个物理过程的概率.我们重新研究当两个非此即彼的过程涉及二粒子交换时振幅叠加的规则.

考虑过程 P(振幅为 a)和与其不可区别的交换过程 $P_{交换}$(振幅为 $a_{交换}$).我们发现如下著名的自然法则:对于一类粒子(称为玻色子),总振幅为 $a + a_{交换}$;对于另一类粒子(费米子),总振幅为 $a - a_{交换}$.自旋角量子数取值为 1/2,3/2 等半奇数的粒子是费米子,自旋角量子数取值为 0,1,2 等非负整数的粒子是玻色子.量子力学加上相对论以及别的一些考虑可以推导出上述规则.泡利(Pauli)曾讨论过这个规则(见参考文献[4]).路德斯(Lüders)和祖米诺(Zumino)对此也有讨论(见参考文献[5]).

需要强调的是,为了使这一机制能发挥作用,我们必须知道粒子(或体系)所有可能的状态.例如,倘若我们不知道有极化,就不能理解不同极化态之间干涉的缺失.如果我们发现了任何一条规则的失效(例如,对某个新粒子),就应当寻找新的自由度,从而完全地确定粒子的态.

简并 考虑一束沿某个给定方向极化的光.假设我们将一个检偏器(例如,偏振片或者尼科尔棱镜)的极化轴相继地沿两个相互正交的方向(x 与 y)摆放,来测量光束中沿相应方向极化的光子数(x 与 y 当然与光束的方向垂直).沿 x 方向极化的光子到达检偏器的振幅记为 a_x,沿 y 方向极化的光子的振幅记为 a_y.现在,如果我们将检偏器在 xy 平面上旋转 45°,那么到达检偏器且沿这个方向极化的光子的振幅 $a_{45°}$ 是什么?我们发现 $a_{45°}=(a_x+a_y)/\sqrt{2}$.对于一个一般的角度 θ(检偏器极化轴与 x 轴之间的夹角),我们有 $a(\theta)=\cos\theta a_x+\sin\theta a_y$.这里的要点是:仅仅需要两个数($a_x$ 与 a_y)就可以确定光子任意极化态的振幅.我们将会看到这个结果是和对光子进行描述时选择任何其他的独立坐标轴同样可行这一事实密切联系的.

例如,图 2.1 考虑了一个坐标系(x',y'),它由(x,y)绕 z 轴转动 $-45°$ 而来.对于使用这个新坐标系的观测者而言,有

$$a'_{x'}=\frac{1}{\sqrt{2}}(a_x-a_y)$$

$$a'_{y'}=\frac{1}{\sqrt{2}}(a_x+a_y)$$

$$\begin{aligned}a'_{45°}(\text{在 } x'Oy' \text{ 坐标系})&=\frac{1}{\sqrt{2}}(a'_{x'}+a'_{y'})\\&=\frac{1}{\sqrt{2}}\left[\frac{1}{\sqrt{2}}(a_x-a_y)\right]+\frac{1}{\sqrt{2}}\left[\frac{1}{\sqrt{2}}(a_x+a_y)\right]\\&=a_x(\text{理应如此!})\end{aligned}$$

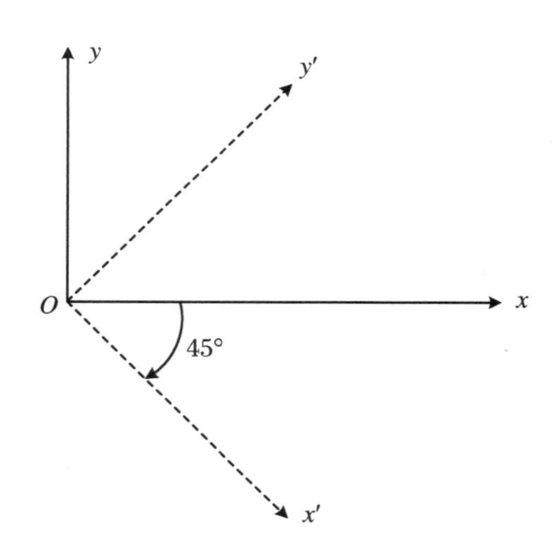

图 2.1

我们可以用某个二维空间中的矢量 $\boldsymbol{e}=a_x\boldsymbol{i}+a_y\boldsymbol{j}$ 表示光子态.沿方向 $\boldsymbol{v}=\cos\theta\boldsymbol{i}+\sin\theta\boldsymbol{j}$ 极化的光子的振幅为 $\boldsymbol{e}\cdot\boldsymbol{v}$.

系统的行为不依赖于空间取向的假设对于系统可能的态的性质施加了苛刻的限制.考虑一个原子核或原子,它首选沿 z 轴方向发射 γ 射线(图 2.2).现在转动所涉及的一切,包括核子与检测设备.我们期待光子发射在相应的方向上.

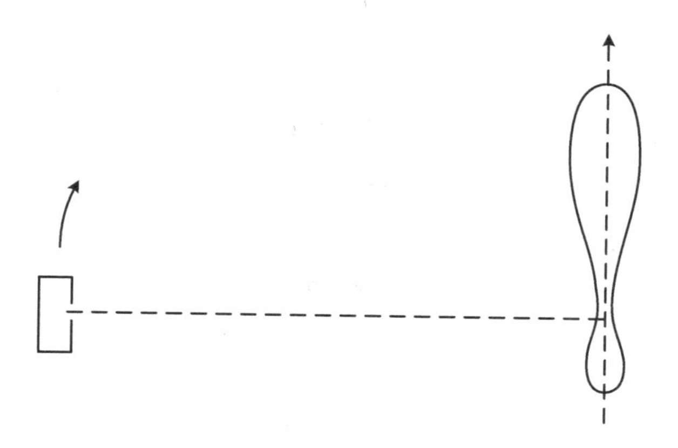

图 2.2

如果原子核的状态可以用一个单一的振幅刻画,例如用能量标记,γ 射线将不得不以相同的概率沿所有的方向出射.这是为什么?因为不这样的话我们可以通过人为安排使 γ 射线出现在 x 轴上(我们总可以旋转检测仪器,即工作系统[①],但物理规律不依赖于坐标轴的方向).这是不同的情况,因为我们对随之而来的现象(γ 射线的发射)有不同的预言.用一个振幅来描述我们的态不能产生两个不同的预言.这样的体系必须用多个振幅描写.如果角分布非常尖锐,我们需要数目巨大的振幅刻画核子的状态.

假设系统的状态可以精确地用 n 个振幅描写:

$$a=\begin{pmatrix}a_1\\a_2\\\vdots\\a_n\end{pmatrix}$$

现在出现了一个问题:倘若我们知道系统处在 $a_1=1,a_2=\cdots=a_n=0$ 的态,转动后按照新坐标,描写系统状态的振幅是什么?

① 译者注:此处相当于转动坐标轴而核子不随之转动.

我们把这些振幅定义为

$$\begin{pmatrix} D_{11}(R) \\ D_{21}(R) \\ \vdots \\ D_{n1}(R) \end{pmatrix}$$

类似地,如果系统初始的态是 $a_2=1, a_1=a_3=\cdots=a_n=0$,我们有

$$\begin{pmatrix} D_{12}(R) \\ D_{22}(R) \\ \vdots \\ D_{n2}(R) \end{pmatrix}$$

所以,我们需要一个完整的矩阵 $D_{ij}(R)$.

如果转动前系统的初态由一般的振幅

$$\begin{pmatrix} a_1 \\ a_2 \\ \vdots \\ a_n \end{pmatrix}$$

描写,会出现更复杂的变化.转动后新的状态是

$$\begin{pmatrix} a'_1 \\ a'_2 \\ \vdots \\ a'_n \end{pmatrix}$$

式中,$a'_i=\sum_j D_{ij}(R)a_j$.请想想为什么会这样.

第3章

转动和角动量

上一章,我们谈及了一个仪器产生某客体并使其处在振幅 a 描写的态下:

$$a = \begin{pmatrix} a_1 \\ \vdots \\ a_n \end{pmatrix}$$

仪器

对它需要做进一步的解释,因为到目前为止我们仅仅引入了振幅这一概念用于描写该客体的产生、检测的完整事件.振幅可以通过如下方式获得:

假设我们知道了在用指标 i 刻画的条件下产生该客体的振幅 b_i.在条件 i 下,设此客体被某个仪器检测到的振幅为 a_i.那么,完整事件(该客体的产生与检测)的振幅是 $a_i b_i$,这个表达式要求对所有的中间条件 i 求和.

仍然考虑一个电子通过双狭缝的实验(见图3.1).如果 $a_{1\to3}$ 是电子通过一条狭缝的振幅,$a_{3\to2}$ 是通过了这条狭缝的电子到达观测屏2上的振幅,那么完整事件的振幅就是二者的乘积,即 $a_{1\to3} \times a_{3\to2}$.

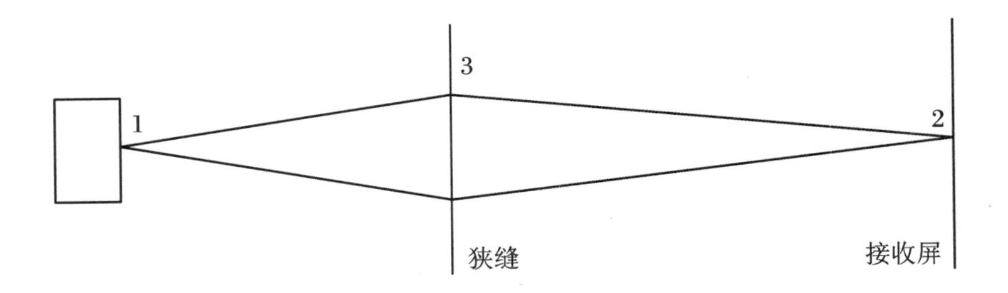

图 3.1

现在让装置做一个转动 $\boldsymbol{R}$（$|\boldsymbol{R}|$ = 转角，$\boldsymbol{R}/|\boldsymbol{R}|$ = 转轴），以致相对于固定的探测器而言产生该客体的振幅为

$$a' = \begin{pmatrix} a'_1 \\ a'_2 \\ a'_3 \\ \vdots \\ a'_n \end{pmatrix}$$

我们已经指出这个振幅必须通过方程 $a' = D(R)a$ 与 a 联系，矩阵 $D(R)$ 不依赖于装置的特殊构件．在另一个实验中（见图 3.2），我们可以按照振幅 b 与 b' 产生同一客体．如此 $b' = D(R)b$，$D(R)$ 期待着是同一变换矩阵．为什么振幅之间的变换关系必须是线性的？因为只有这样我们才能描写干涉现象．假设我们的装置由两个构件组成，构件一产生该客体的振幅为 a，构件二产生同一客体的振幅为 b．综合起来，此装置产生该客体的总振幅是 $a + b$．装置转动后，为了使干涉现象以相同的方式发生在转动后的系统上，我们应该相应地得到 a'，b' 和 $a' + b'$．这样，我们就有

$$a' = D(R)a, \quad b' = D(R)b, \quad (a + b)' = D(R)(a + b)$$

但是 $(a + b)' = a' + b'$，所以 $D(R)(a + b) = D(R)a + D(R)b$．

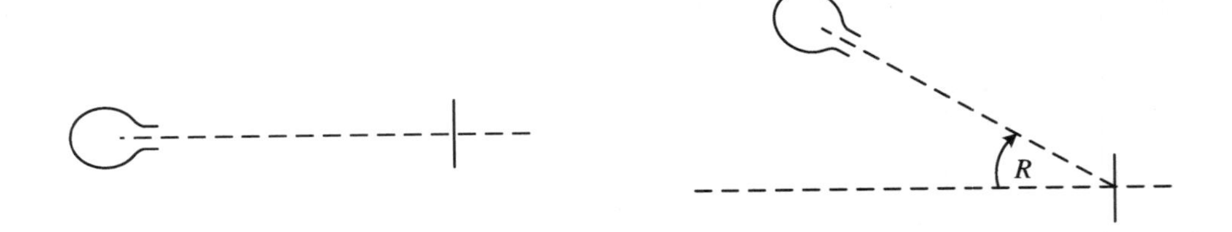

图 3.2

我们还能演绎出哪些其他的推论呢？

假设我们将那个经过转动 R 操作过的装置看成新的装置，它以振幅 a'产生该客体．如图 3.3 所示，我们把新装置再转动 S．根据我们的规则，此客体将会以振幅 a''被产生，这里 $a''=D(S)a'$．因为 $a'=D(R)a$，所以我们有 $a''=D(S)D(R)a$，它意味着 $D(SR)=D(S)D(R)$．[①]

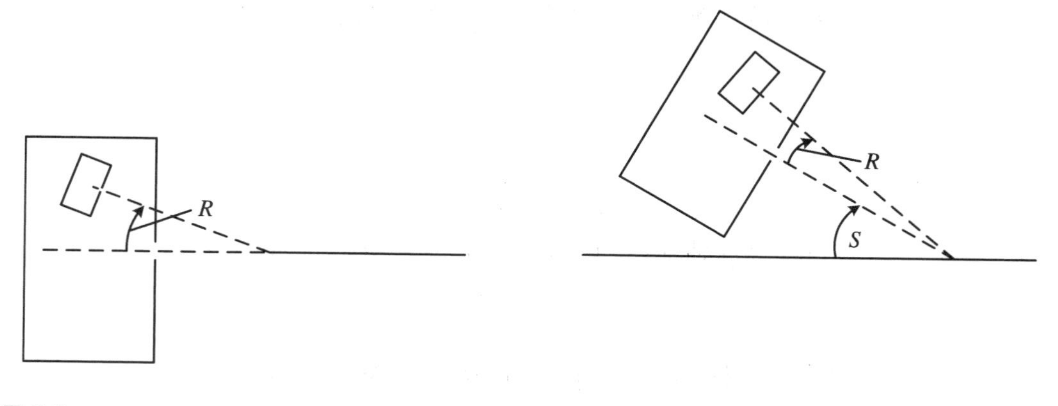

图 3.3

转动形成一个群，D 的集合是这个群的一个矩阵表示．找到这些转动矩阵绝非易事．

例

（1）对于用单个复数作为振幅描写的客体，D 是一些 1×1 复矩阵，即复数（可以选择为 1）．

（2）对于用一个矢量描写的客体，存在三个振幅，它们分别是矢量的 x,y,z 分量．D 是熟知的、联系着转动前后坐标的变换矩阵．

现在进行一般性的分析．假设我们知道了一个无穷小转动的表示矩阵．例如，绕 z 轴转动 1°．那么，绕 z 轴做转角 n°的转动可被表示为

$$D(n^\circ,\text{绕 } z \text{ 轴})=[D(1^\circ,\text{绕 } z \text{ 轴})]^n$$

更一般地，如果我们知道 $D(\epsilon,\text{绕 } z \text{ 轴})$，那么

$$D(\theta,\text{绕 } z \text{ 轴})=[D(\epsilon,\text{绕 } z \text{ 轴})]^{\theta/\epsilon}$$

如果做一个非常微小的转动，我们近似地得到单位变换，所以精确到转角 ϵ 的一次幂，$D(\epsilon,\text{绕 } z \text{ 轴})=1+\mathrm{i}\epsilon M_z$．同理，有

① 严格来说，我们并不能证明转动后的振幅在两种情形中必然相等，仅仅是其模平方必然相等．振幅本身可以相差一个相因子．不过，魏格纳（Wigner）已经证明：可以通过重新定义转动矩阵 D 消除这个相因子．

$$D(\epsilon,\text{绕 } x \text{ 轴}) = 1 + \mathrm{i}\epsilon M_x$$
$$D(\epsilon,\text{绕 } y \text{ 轴}) = 1 + \mathrm{i}\epsilon M_y$$

现在我们有 $D(\theta,\text{绕 } z \text{ 轴}) = [1 + \mathrm{i}\epsilon M_z]^{\theta/\epsilon}$. 使用二项式定理且取极限$\epsilon \to 0$,我们得到

$$D(\theta,\text{绕 } z \text{ 轴}) = 1 + \mathrm{i}\theta M_z - \frac{\theta^2}{2!}M_z^2 - \mathrm{i}\frac{\theta^3}{3!}M_z^3 + \cdots$$

这个公式常常被写为 $\mathrm{e}^{\mathrm{i}\theta M_z}$. 二项式定理在此处之所以能够成立,是因为 M_z 在加法和乘法两种运算下的行为与一个普通的复数并无二致.

如果考虑绕单位矢量 $\boldsymbol{v}$ 定义的转轴做转角ϵ的无穷小转动,我们有

$$D(\epsilon,\text{绕转轴 } \boldsymbol{v}) = 1 + \mathrm{i}\epsilon(v_x M_x + v_y M_y + v_z M_z)$$

对于绕转轴 $\boldsymbol{v}$ 做有限转角 θ 的转动而言,则有

$$D(\theta,\text{绕转轴 } \boldsymbol{v}) = \exp[\mathrm{i}\theta(v_x M_x + v_y M_y + v_z M_z)]$$

但是,现在当按级数展开计算 $D(\theta,\text{绕转轴 } \boldsymbol{v})$中的矩阵积时,我们必须小心地处理 M_x,M_y 与 M_z 的相对次序,它们彼此是不对易的. 这个结论基于如下事实:绕不同转轴所做的转角有限的转动彼此不对易. 考虑一块黑板擦的转动,见图 3.4(a)和图 3.4(b). (1) 如图 3.4(a)所示,使黑板擦先绕 z 轴转 90°,再绕 x 轴转 90°;(2) 或者如图 3.4(b)所示,让它先绕 x 轴转 90°,再绕 z 轴转 90°. 我们得到两个完全不同的结果.

我们来找出 M_x 与 M_y 之间的对易关系. 如图 3.5 所示,我们考虑先绕 x 轴转动无穷小角度ϵ,接着绕 y 轴转动无穷小角度 η,之后绕 x 轴转 $-\epsilon$,最后绕 y 轴转 $-\eta$.

我们追踪起初位于 y 轴上的一个几何点的运动. 很清楚结果是一个二阶效应. 转动结束后该点向着 x 轴方向的位移大致为$\epsilon\eta$. 我们也注意到起初位于 z 轴上的几何点最后回到了原来的位置. 所以,球面上任一点的净移动恰好是绕 z 轴发生了转角为$\epsilon\eta$ 的转动. 精确到转动参数的二阶项,我们有

$$\left[1 - \mathrm{i}\eta M_y - \frac{1}{2}\eta^2 M_y^2\right]\left[1 - \mathrm{i}\epsilon M_x - \frac{1}{2}\epsilon^2 M_x^2\right]\left[1 + \mathrm{i}\eta M_y - \frac{1}{2}\eta^2 M_y^2\right]\times$$
$$\left[1 + \mathrm{i}\epsilon M_x - \frac{1}{2}\epsilon^2 M_x^2\right] = 1 + \mathrm{i}\epsilon\eta M_z$$

合并$\epsilon\eta$ 项的系数,我们发现

$$M_x M_y - M_y M_x = \mathrm{i}M_z$$

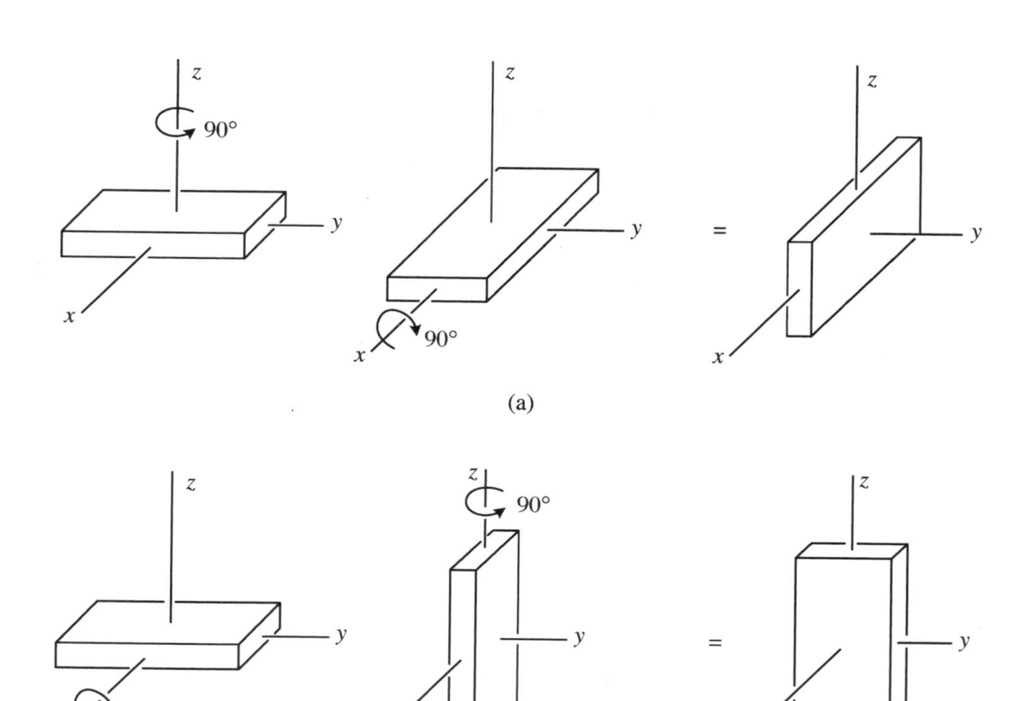

图 3.4

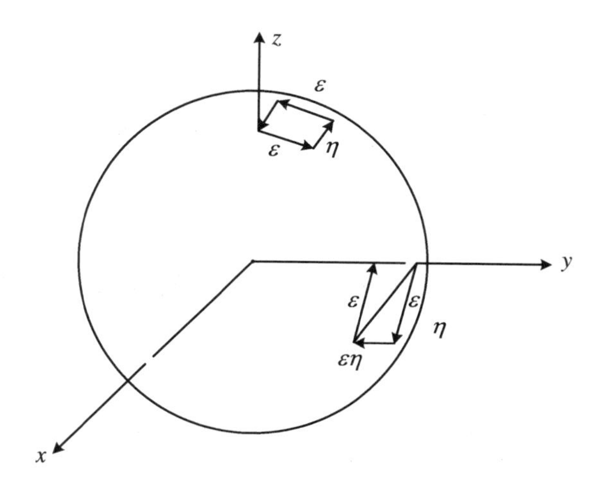

图 3.5

同理,有

$$M_yM_z - M_zM_y = \mathrm{i}M_x$$
$$M_zM_x - M_xM_z = \mathrm{i}M_y$$

这些方程就是矩阵 M_x,M_y 与 M_z 服从的对易关系.其他的一切都可以从这些对易关系导出.如何做到这一点在许多书上都有详述(例如,席夫(Schiff)的量子力学著作).这里我们仅仅给出大概的解释.首先我们证明 $M_x^2 + M_y^2 + M_z^2 = M^2$ 与所有的 M 对易.接下来我们可以选择振幅 a 使得 $M^2a = ka$,式中 k 是某个常数.构造

$$M_- = M_x - \mathrm{i}M_y$$

并注意到

$$M_zM_- = M_-(M_z - 1)$$

现在假设存在振幅 $a^{(m)}$ 满足条件①

$$M_za^{(m)} = ma^{(m)}$$

这里的 m 是另一个常数,则有

$$M_zb = M_zM_-a^{(m)} = M_-(M_z - 1)a^{(m)} = (m-1)M_-a^{(m)} = (m-1)b$$

所以

$$b = ca^{(m-1)}$$

我们把 $a^{(m)}$ 归一化为 1,即要求

$$\sum_{j=1}^{n} a_j^{(m)*}a_j^{(m)} = 1 \quad (\text{对所有的 } m)$$

如此一来,有

$$1 = \frac{1}{c^*c}\sum_j (M_-a^{(m)})_j^*(M_-a^{(m)})_j = \frac{1}{c^*c}\sum_j a_j^{(m)*}((M_+M_-)a^{(m)})_j$$

式中,$M_+ = M_x + \mathrm{i}M_y$.注意到

$$M_+M_- = M_x^2 + M_y^2 + M_z = M^2 - M_z^2 + M_z$$

以及

① 译者注:因为 M^2 与 M_z 对易,所以此处 $a^{(m)}$ 可以同时在上面选择的振幅 a 的集合中选取.

$$M^2 a_j^{(m)} = k a_j^{(m)}$$

我们有

$$c = \sqrt{k - m(m-1)}$$

令 $m = -j$ 表示最后一个态.怎样才能使得当 M_- 作用于 $a^{(-j)}$ 时不会产生新的态呢?只有令 $M_- a^{(-j)} = 0$,即在 $m = -j$ 时要求 $c = 0$.所以,$k = -j(-j-1) = j(j+1)$.

相同的推理逻辑(使用 M_+,它把 m 提升为 $m+1$,恰如 M_- 把 m 降低为 $m-1$)表明:倘若 m 的最大取值为 $+j'$,那么 $k = j'(j'+1)$.所以,$j = j'$.进而,$2j$ 是一个整数.态的总数是 $2j+1$.

例

(1) 1 个态:$j = 0$.

(2) 3 个态:$j = 1$.

m	变换
1	$\frac{1}{\sqrt{2}}(x + \mathrm{i}y)$
0	z
-1	$\frac{1}{\sqrt{2}}(x - \mathrm{i}y)$

(3) 2 个态:$j = 1/2$.这个情形非常有趣.令

$$a^{(1/2)} = \begin{pmatrix} 1 \\ 0 \end{pmatrix}$$

$$a^{(-1/2)} = \begin{pmatrix} 0 \\ 1 \end{pmatrix}$$

用我们一般的结果,可以得到

$$M_- \begin{pmatrix} 1 \\ 0 \end{pmatrix} = \begin{pmatrix} 0 \\ 1 \end{pmatrix}$$

因为

$$\sqrt{j(j+1) - m(m-1)} = \sqrt{\frac{1}{2} \cdot \frac{3}{2} + \frac{1}{2} \cdot \frac{1}{2}} = 1, \quad M_- \begin{pmatrix} 0 \\ 1 \end{pmatrix} = 0$$

所以

$$M_- = \begin{pmatrix} 0 & 0 \\ 1 & 0 \end{pmatrix}$$

同理，有

$$M_z \begin{pmatrix} 1 \\ 0 \end{pmatrix} = \frac{1}{2} \begin{pmatrix} 1 \\ 0 \end{pmatrix}$$

$$M_z \begin{pmatrix} 0 \\ 1 \end{pmatrix} = -\frac{1}{2} \begin{pmatrix} 0 \\ 1 \end{pmatrix}$$

所以

$$M_z = \frac{1}{2} \begin{pmatrix} 1 & 0 \\ 0 & -1 \end{pmatrix}$$

类似地，可以证明

$$M_+ = \begin{pmatrix} 0 & 1 \\ 0 & 0 \end{pmatrix}$$

因此，我们可以写出

$$M_x = \frac{1}{2} \begin{pmatrix} 0 & 1 \\ 1 & 0 \end{pmatrix} = \frac{1}{2} \sigma_x$$

$$M_y = \frac{1}{2} \begin{pmatrix} 0 & -\mathrm{i} \\ \mathrm{i} & 0 \end{pmatrix} = \frac{1}{2} \sigma_y$$

$$M_z = \frac{1}{2} \begin{pmatrix} 1 & 0 \\ 0 & -1 \end{pmatrix} = \frac{1}{2} \sigma_z$$

上述表达式也可用来作为三个重要的 2×2 矩阵，即泡利矩阵 σ_x，σ_y 和 σ_z 的定义. 检验得知还有 $\sigma_x^2 = \sigma_y^2 = \sigma_z^2 = 1$，$\sigma_x\sigma_y = -\sigma_y\sigma_x = \mathrm{i}\sigma_z$. 这里的要点是，所有的结果都出自于自然界里不存在优先选择方向的考虑以及振幅叠加原理的性质，这是所涉及的全部假设.

不过，我们还做了一个非常重要的假设：假设一个客体的产生和探测的过程是很好地分离的，在二者之间我们可以谈论刻画客体的振幅. 无论设备与探测器之间的距离有多小，我们总是做这个假设(尤其是在场论中). 如果设备与探测器太过靠近的话，结果可能是此假设不再成立.

另一个重要的假设是忽略了任何的动力学影响：在产生和测量此客体的设备之间不存在作用力，至少这些力无法通过在二者之间转移被观测客体的过程进行描述. 因此，两个独立事件的总振幅也就是两个事件各自振幅的乘积.

看一下由两个恒星 A 和 B 与两个计数器 X 和 Y 构成系统的例子(图 3.6). 倘若 $a_{B\to X}$为从恒星 B 发出并到达计数器 X 的光子的振幅, $a_{A\to Y}$为从恒星 A 发出并到达计数器 Y 的光子的振幅,那么 $a = a_{B\to X} \times a_{A\to Y}$就是这两个事件发生的总振幅.

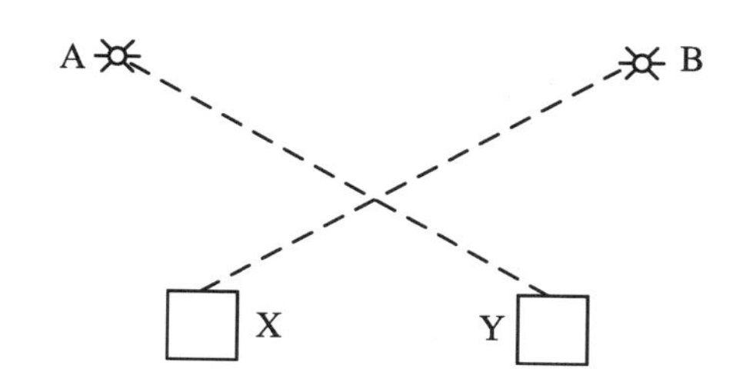

图 3.6

第 4 章

角动量合成的规则

一个自旋为 1/2 的态由两个振幅来表征. 一般地, $a = a_+(1/2) + a_-(-1/2)$, 这里 $(1/2)$ 代表 $\begin{pmatrix}1\\0\end{pmatrix}$, $(-1/2)$ 代表 $\begin{pmatrix}0\\1\end{pmatrix}$, 所以 $a = \begin{pmatrix}a_+\\a_-\end{pmatrix}$.

举例来说, 方程

$$M_x a = 1/2a$$

的解为

$$a = 1/\sqrt{2}(1/2) + 1/\sqrt{2}(-1/2)$$

对应于沿 x 轴自旋向上的态. 同理, 沿 x 轴自旋向下的态为 $1/\sqrt{2}(1/2) - 1/\sqrt{2}(-1/2)$. 沿 y 轴自旋向上的态为 $1/\sqrt{2}(1/2) + \mathrm{i}/\sqrt{2}(-1/2)$, 自旋向下的态为 $1/\sqrt{2}(1/2) - \mathrm{i}/\sqrt{2}(-1/2)$. 实际上, 可以证明任何一个态都代表着某个方向上的自旋.

任何一个用两个复数来描述的系统和自旋 1/2 的态都有相似之处. 例如, 考虑光的极化. 设 x 方向的极化和 y 方向的极化分别表示光子在一个"特别的"三维空间中沿着 ζ 轴方向自旋向上的态和自旋向下的态. 将该三维空间的另外两个轴标记为 ξ 和 η. 这样沿

着 $\xi = 45°$的极化为自旋向上；$\xi = -45°$的极化为自旋向下. η = RHC(右手圆极化)为自旋向上；η = LHC(左手圆极化)为自旋向下. 如果我们画一个以这个空间原点为中心的单位球(图 4.1)，则每一个极化态都可由其上的一个点来表示.

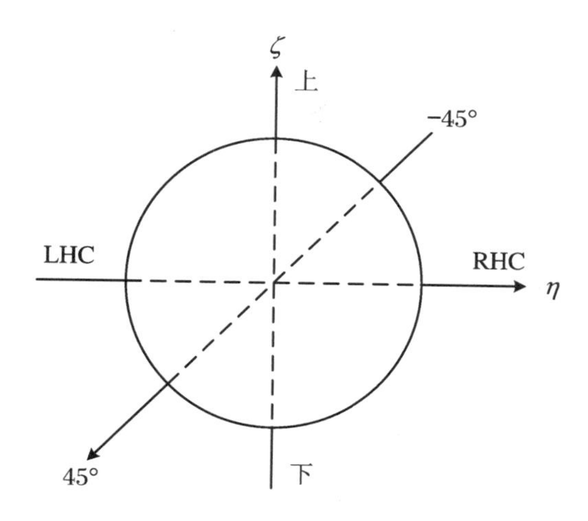

图 4.1

一般的方向对应于椭圆极化. 光通过 1/4 波片是一种转动. 斯托克斯很早就探索过光的极化和三维空间方向之间的联系. 这对理解某些过程(如微波激射器)非常有用. [微波激射器是一类利用氨分子系统的装置，在电场的控制下，氨分子的两个量子态之间可以发生跃迁. 通过将氨分子任意时刻的态表示成某个三维空间(类比自旋 1/2 电子的普通空间)的一个方向，可以更容易理解其分析.]

角动量合成的规则 考虑一台产生两个粒子的仪器，这两个粒子分别记为 A 和 B. 假设粒子 A 的自旋为 1，存在 $m = +1, 0, -1$ 三个态；粒子 B 的自旋为 1/2，存在 $m = +1/2$ 和 $-1/2$ 两个态. 这样，对应 A 三个态中的任何一个，B 可以有两种状态，所以该两粒子系统一共有六个可能的态.

我们可以想想一个电子绕着原子核旋转的情形. 如何描写这样的组合系统呢? 如果有矩阵 M_A 和 M_B 分别作用在态 ψ_A 和 ψ_B 上，那么我们得到

$$
\begin{aligned}
(1 + i\varepsilon M_z)\psi_A\psi_B &= (1 + i\varepsilon M_{z_A})\psi_A(1 + i\varepsilon M_{z_B})\psi_B \\
&= [1 + i\varepsilon(M_{z_A} + M_{z_B})]\psi_A\psi_B
\end{aligned}
$$

或者[①]

① 更精确地说，$M_z = M_{z_A} I_B + M_{z_B} I_A$，这里 I_A 和 I_B 分别是对应于作用在态 A 和态 B 上的单位矩阵.

$$M_z = M_{z_A} + M_{z_B}$$

表 4.1 给出了该组合系统的态. 一共有六个态,也许由此可断定总角动量 $j = 5/2$. 但是表中并没有 $m = \pm 5/2$ 的值,反而是 $m = \pm 1/2$ 出现了两次.

表 4.1

m_A	m_B	m
1	1/2	3/2
0	1/2	1/2
1	−1/2	1/2
0	−1/2	−1/2
−1	1/2	−1/2
−1	−1/2	−3/2

实际上,由 $M^2 = (M_A + M_B)^2$ 我们知道 j 有两个取值:

$$j = 3/2, \quad m = 3/2, 1/2, -1/2, -3/2$$

和

$$j = 1/2, \quad m = 1/2, -1/2$$

显然,态 $j = 3/2, m = 3/2$ 来自$(+1)(1/2)$的组合. 但是哪个态对应于 $j = 3/2, m = 1/2$ 呢? 注意到

$$M_-(m) = [j(j+1) - m(m-1)]^{1/2}(m-1)$$

并且

$$M_- = M_-^A + M_-^B$$
$$M_-(1/2) = -1/2$$
$$M_-(-1/2) = 0$$
$$M_-(1) = \sqrt{2}(0)$$
$$M_-(0) = \sqrt{2}(-1)$$
$$M_-(-1) = 0$$

于是

$$M_-(1)(1/2) = \sqrt{2}(0)(1/2) + (1)(-1/2)$$

及

$$M_-(3/2,3/2) = \sqrt{3}(3/2,1/2)$$

因此,我们得到

$$(3/2,1/2) = \sqrt{2}/\sqrt{3}(0)(1/2) + 1/\sqrt{3}(1)(-1/2)$$

态(1/2,1/2)可由(0)(1/2)和(1)(−1/2)的线性组合得到,它和态(3/2,1/2)正交.这些结果见表4.2.

表4.2

m	$j=3/2$	$j=1/2$
3/2	(1)(1/2)	
1/2	$(2/\sqrt{3})(0)(1/2)+(1/\sqrt{3})(1)(-1/2)$	$(1/\sqrt{3})(0)(1/2)-(2/\sqrt{3})(1)(-1/2)$
−1/2	$(2/\sqrt{3})(0)(-1/2)+(-1)(1/2)$	$-(1/\sqrt{3})(0)(-1/2)+(2/\sqrt{3})(-1)(1/2)$
−3/2	(−1)(−1/2)	

更多的例子:自旋交换情况下两个自旋为1/2态的相加(表4.3),两个自旋为1态的相加(表4.4).对于两个相等角动量的相加,总角动量最大的态是对称的,其次是反对称的,等等.

表4.3

m	$j=1$ (对称的)	$j=0$ (反对称的)
1	(1/2)(1/2)	
0	$(1/\sqrt{2})(1/2)(-1/2)+(1/\sqrt{2})(-1/2)(1/2)$	$\begin{cases}(1/\sqrt{2})(1/2)(-1/2)\\-(1/\sqrt{2})(-1/2)(1/2)\end{cases}$
−1	(−1/2)(−1/2)	

表 4.4

m	$j=2$ (对称的)	$j=1$ (反对称的)
2	$(+1)(+1)$	
1	$(1/\sqrt{2})[(+1)(0)+(0)(+1)]$	$(1/\sqrt{2})[(+1)(0)-(0)(+1)]$
0	$(1/\sqrt{6})[(+1)(-1)+(-1)(+1)+2(0)(0)]$	$(1/\sqrt{2})[(+1)(-1)-(-1)(+1)]$
−1	$(1/\sqrt{2})[(-1)(0)+(0)(-1)]$	$(1/\sqrt{2})[(0)(-1)-(-1)(0)]$
−2	$(-1)(-1)$	

m	$j=0$ (对称的)
2	
1	
0	$(1/\sqrt{3})[(1)(-1)+(-1)(+1)-(0)(0)]$
−1	
−2	

问题 4.1 考虑三个自旋为 1 的角动量的相加,给出完全对称的态,其总角动量是多少?

第 5 章

相对论

你们都熟悉洛伦兹变换.对于相对运动是沿着 z 轴方向的两个洛伦兹参考系,它们之间的变换方程为

$$z' = (z - vt)/(1 - v^2)^{1/2} = z\cosh u - t\sinh u$$

$$t' = (t - vz)/(1 - v^2)^{1/2} = t\cosh u - z\sinh u$$

$$x' = x, \quad y' = y$$

这里我们已经令光速 $c = 1$,并且引入了一个量 u(专家们称之为“快度”)

$$\tanh u = v/c$$

注意到上面变换方程的第二种形式等价于一个转动角为虚数的转动.在同一个方向上的变换,快度是相加的,即如果系统 1 和 2 之间的快度是 u,系统 2 和 3 之间的快度是 v,则从系统 1 到 3 的变换由快度 $w = u + v$ 来描写.不同方向上的变换是不对易的.所有的洛伦兹变换(包括转动)构成一个群.

问题 5.1 假设存在一个三维的自旋为 1/2 的客体;或考虑由下面的列矢 $\boldsymbol{a}$ 描述的更一般的态

$$\boldsymbol{a} = \text{col}[a_1, a_2, \cdots, a_n]$$

在洛伦兹变换下,$\boldsymbol{a}$ 将如何变化?

提示:转动下的变换和前面一样.如果有时间,考虑一下归一化的问题.

我们知道 $t^2 - x^2 - y^2 - z^2$ 是洛伦兹不变的.引入如下的记号:$\boldsymbol{x}_\mu$ 是一矢量,其分量 $\boldsymbol{x}_4 = t, \boldsymbol{x}_1 = x, \boldsymbol{x}_2 = y, \boldsymbol{x}_3 = z$.如果矢量 $\boldsymbol{a}_\mu = (a_4, a_1, a_2, a_3)$的洛伦兹变换和 $\boldsymbol{x}_\mu$ 一样,我们称之为 4-矢量.例如 $\boldsymbol{p}_\mu = (E, \boldsymbol{p})$就是一个 4-矢量,并且

$$E' = (E - vp_3)/(1 - v^2)^{1/2}$$

等等.

对于两个 4-矢量 $\boldsymbol{a}_\mu$ 和 $\boldsymbol{b}_\mu$,其四维不变的标量积为

$$a \cdot b \equiv a_\mu b_\mu = a_4 b_4 - a_1 b_1 - a_2 b_2 - a_3 b_3$$

引入

$$\delta_{\mu\nu} = \begin{cases} 1 & (\mu = \nu = 4) \\ -1 & (\mu = \nu = 1,2,3) \\ 0 & (\mu \neq \nu) \end{cases}$$

这样有 $\delta_{\mu\nu} a_\nu = a_\mu$,并且可以定义

$$\nabla_\mu = (\partial/\partial t, -\nabla)$$

一个有用的不变量 $p \cdot p = E^2 - \boldsymbol{p} \cdot \boldsymbol{p} = m^2$.计算中巧妙地运用不变量常常可以避免做洛伦兹变换.作为一个简单的例子:考虑质子(p)-质子(p)碰撞中产生质子-反质子对需要的最小能量是多少?

$$\xrightarrow[\text{p}]{(E,\boldsymbol{p})} \quad \overset{(M,0)}{\underset{\text{p}}{\cdot}} \qquad \text{碰撞前(在实验室系中)}$$

p• •p 碰撞后(在质心系中)

ṗ ṗ [①]

$E = 4M, \quad \boldsymbol{p} = 0$

---

① 译者注:这四个 p 里面应该有一个是 $\bar{\text{p}}$,代表反质子.

我们得到 $\varepsilon^2 - \boldsymbol{p}^2 = (4M)^2$. 因此,$(E+M)^2 - \boldsymbol{p}^2 = 16M^2$,给出 $E = 7M$. 从而质子的最小动能必须是 $6M \simeq 5.6$ bev[1].

波 我们知道一个能量和动量为 p_μ 的粒子和波 $\varphi = u\exp(-\mathrm{i}p_\mu x_\mu) = u\exp[-\mathrm{i}(Et - \boldsymbol{p}\cdot\boldsymbol{x})]$ 相关联. 显然波的相位是洛伦兹不变的. 事实上,德布罗意(De Broglie)就是这样发现能量、动量和频率、波长之间的联系的. 问题 5.1 正是为了找出 u 是如何变换的. 注意一点

$$\nabla_\mu \varphi = -\mathrm{i}p_\mu \varphi$$

正能和负能 方程 $E^2 = m^2 + \boldsymbol{p}^2$ 有两个解

$$E = \pm(m^2 + \boldsymbol{p}^2)^{1/2}$$

值得注意的是,必须认真对待这两个解,因为我们发现正频解和负频解描述的粒子都存在. 当 $E>0$ 时,$\varphi \sim \exp(-\mathrm{i}Et)$;当 $E = -W$,并且 $W>0$ 时,$\varphi \sim \exp(\mathrm{i}Wt)$. 这两种情况分别对应于粒子和反粒子.

将经典粒子的散射用一个时空图来表示,见图 5.1(阴影部分表示存在散射粒子的外势).

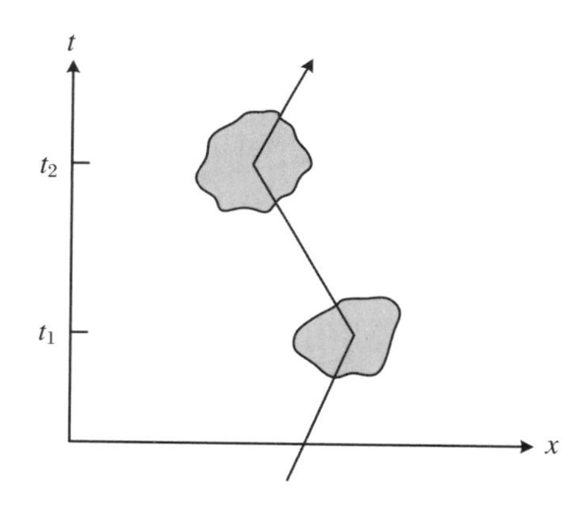

图 5.1

现在设想一下,如果粒子的运动轨迹(或量子力学中的波)可以逆着时间方向走,会发生什么? 图 5.2 表示的就是这种情况. 习惯上,我们认为该过程是这样发生的(见图 5.3):当 $t<t_1$ 时,只有入射的电子. 在 t_1 时刻,外势产生正负电子对. 到 t_2 时刻,正电子会和入射的电子湮灭,所以当 $t>t_2$ 后,只剩下被散射的电子. 但是这里我们更倾向于推广散射的思想,认为电子可以逆着时间方向从 t_2 散射到 t_1. 这样通常的正电子就成

[1] 译者注:现在一般写为 GeV.

为逆着时间方向运行的电子. 当我们沿着电子的世界线行走时,这两个"二次散射"过程只是在相继散射的时间顺序上有所不同.(也许有人会想到这一解释意味着我们能从将来获取信息,但是完整的分析表明因果性没有被破坏.)

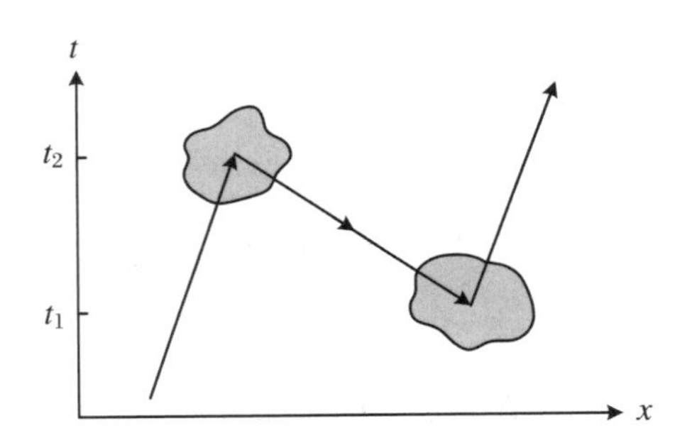

图 5.2

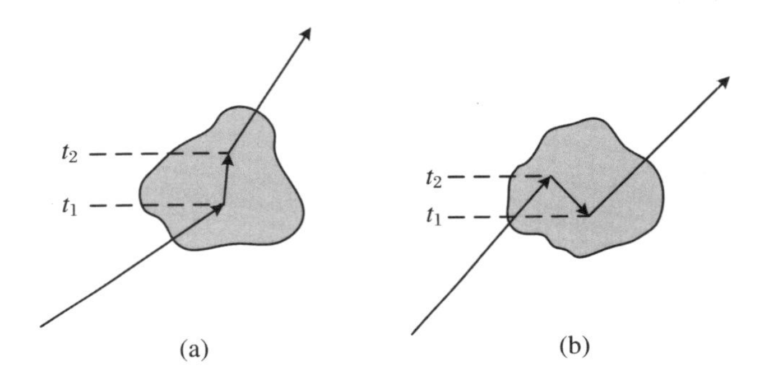

图 5.3

现在我们来看这种观点如何解决负能量的困难. 我们将谈到初态(过去)和末态(将来),并且引进入态和出态(和时间无关)的约定:在矩阵元 $\chi^* M\varphi$ 中,φ 是入态,χ 是出态. 为了确定入态和出态,我们需要顺着粒子的世界线,即使我们不得不逆着时间方向走. 考虑图 5.3 中的正电子,发现对于在 t_2 处散射的出态,我们必须使用正电子的初态. 比如,电子散射的矩阵元是

$$\int \Psi^*_{\text{末态}} M \Psi_{\text{初态}} \mathrm{d}V$$

而正电子散射的矩阵元则为

$$\int \varphi^*_{\text{初态}} M \varphi_{\text{末态}} \mathrm{d}V$$

因此，完整的规则如下：

电子情形：矩阵元中的入态是初态，出态是末态.

正电子情形：矩阵元中的入态是末态，出态是初态.

作为一个检验的例子：假设电子把能量传给一个矩阵机器，即 $E_i = E_f + \omega > E_f$，则矩阵元的时间依赖性是

$$\exp(\mathrm{i}E_f t)\exp(\mathrm{i}\omega t)\exp(-\mathrm{i}E_i t)$$

[这表明如果 M 抽取能量，它将以 $\exp(\mathrm{i}\omega t)$ 随时间变化.]

现在考虑正电子的情形：$\exp(-\mathrm{i}Et) = \exp(\mathrm{i}Wt)$. 如果采用老的（错误的）方法来处理，矩阵元的时间依赖性为

$$\exp(-\mathrm{i}W_f t)\exp(\mathrm{i}\omega t)\exp(\mathrm{i}W_i t)$$

或者 $W_f = W_i + \omega$，即这个过程可以创造能量！

但是根据我们正确的处理方式，应该得到

$$\exp(-\mathrm{i}W_i t)\exp(\mathrm{i}\omega t)\exp(\mathrm{i}W_f t)$$

这样 $W_i = W_f + \omega$，并且 M 机器抽取的能量恰好是正电子损失的能量. 这正是我们所期望的.

还可以看一些更复杂的情况：例如，正负电子对湮灭的振幅为

$$\int \phi^*_{\text{初态正电子}} M \varphi_{\text{初态电子}} \mathrm{d}V \tag{5.1}$$

而正负电子对产生的振幅为

$$\int \varphi^*_{\text{末态电子}} M \varphi_{\text{末态正电子}} \mathrm{d}V \tag{5.2}$$

容易看出，如果 M 只是吸收能量，在式(5.1)中它吸收了所有的能量，而式(5.2)的结果将是零.

第一个对负能量态的解释是狄拉克(Dirac)给出的，他利用不相容原理来阻止电子掉落到负能态上（见图 5.4）. 根据狄拉克的图像，所有的负能态都已被电子填充至 $-mc^2$ 处. 这样形成的无穷大电子海本身是不可观测的. 但是我们可以看到海里的气泡，也就是负能态中空缺了一个电子. 这个气泡就是正电子.

以正电子散射为例，一个正电子是如何跃迁至另一个态上的呢？一个电子填充了初始的空穴，会在电子跃迁之前的态[①]中留下一个空穴（正电子），见图 5.5. 该过程的矩阵元

---

① 能量为 $-E = W$，动量为 $-p$.

可以表示为

$$\int \varphi_{初态}^{*} M \varphi_{末态} \mathrm{d} V$$

这和上述采用时间反转的讨论方式给出了相同的结果.

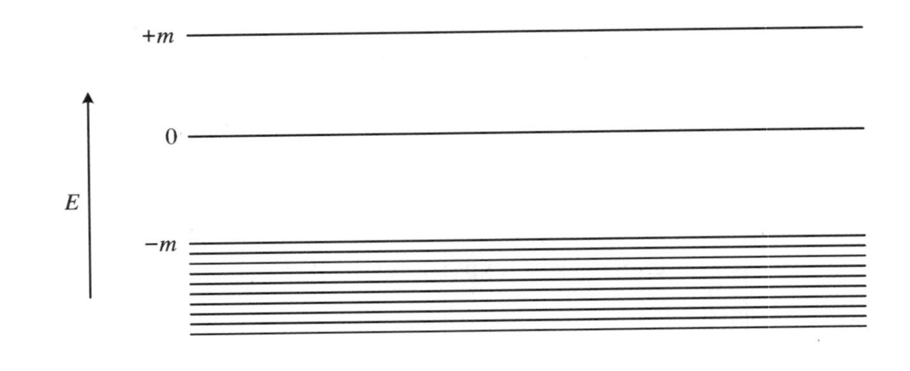

图 5.4

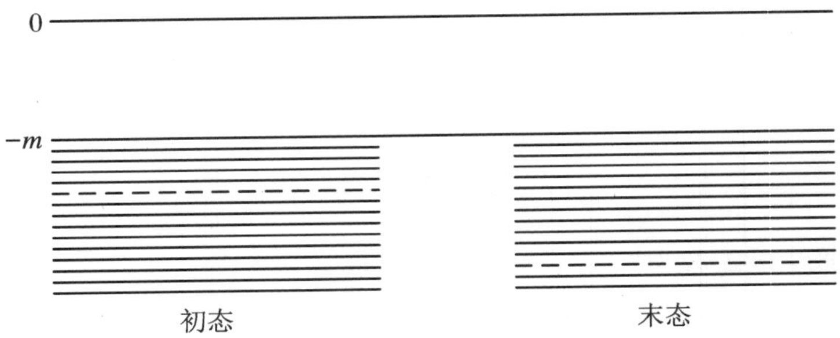

0
−m
初态
末态

图 5.5

我们的方法有一个小小的优点,那就是你不必面对无限的电子海.而且对于玻色子,你其实永远也不可能填满这个粒子海.直到量子力学发现八年以后,泡利和维斯科普夫(Weisskopf)才正确地处理了克莱因-戈登(Klein-Gordon)方程.他们解释玻色子负能态的方法与狄拉克的理论完全不同,引入了二次量子化的思想(泡利和维斯科普夫,见参考文献[6]).但是他们的解释仍然仅仅等价于我们的方法,即简单地调换了反粒子的入态和出态的角色.

(第 6~14 章基本上来自费曼和盖尔曼(Gell-Mann)关于奇异粒子的一篇没有发表的述评文章.)

第6章

电磁和费米耦合

对于一直以来希望用少数元素的无穷多种组合的方式来描述自然界的这一尝试，我们想描述一下现状是怎样的；特别地，这些元素是什么？许多出乎意料的高能实验结果表明我们对这些元素的认识是不完备的. 我们将描述一下那些能够对部分解决这些问题最有用的理论想法. 我们将专注于这些想法本身而没有时间去仔细讨论他们的来源或发展的历史. 此外，我们只能描述它们现在的状况. 每一句话都可以加一个前提："当然，它实际上可能会完全不一样，但是……"我们非常清楚地知道，现在的知识还是脆弱的和不完备的，还可以有各种不同猜测的可能性，但是如果我们总是要说这些的话，那么讲述将变得非常麻烦. 这是对国际上研究工作的概述，不是对作者任何新贡献的报告.

物质的多样的存在形式和不同的行为看上去可以用少数的基本粒子以确定的方式相互作用来描述. 它们遵循量子力学和相对论的一般原理. 根据这些原理，即量子场论的原理，除了粒子没有其他东西. 它们有静止质量和自旋的内禀属性以及它们之间的相互关系，即耦合.

电磁耦合 例如，光可以用粒子来表征，即静止质量为0、自旋为1的光子. 激发的原子发光可以看作一个基本的耦合的结果，即过程 $e\to e,\gamma$（e 代表电子，γ 代表光子）. 意思是，一个电子有一定的可能性（更确切地，用一个数学的量即振幅来描述）“变成”一个光子和一个电子；描述此耦合的确切的规律（振幅是如何依赖于相关粒子运动方向和自旋的）已经很精确地知道了（至少在能量为 1 GeV 以下时）. 当原子中的一个电子发生这一过程时，光被原子发射出来. 每一个过程隐含着它的逆过程以相应的振幅发生；箭头是双向的. 逆过程在光的吸收时发生.

$$e \leftrightarrow e, \gamma \tag{6.1}$$

这些关系可以用双向箭头来表示，也可以用图来表示，图中的线表示粒子的入射和出射. 图在式(6.1)的右侧.

由于能量动量守恒，单个自由的电子不能放出一个光子，但是如果两个电子相互靠近，一个可以放出一个光子，此光子马上被另外一个电子吸收. 量子力学允许短暂出现一些态，这些态如果长时间存在会破坏能量守恒. 在放射性元素衰变中的势垒隧穿过程就是一个为大家熟知的例子. 我们意识到这种交换光子的效应就是两个电子之间的相互作用，即距离平方反比的电排斥力. 这样，所有的电子之间的电力和磁力，以及电子发射、散射和吸收无线电波、光和 X 射线都可以用简单的规律(6.1)来精确而详尽地描述. 对所有这一类过程的分析称作量子电动力学.

一个只能以破坏能量守恒方式暂时发生的过程叫作虚过程. 电子通过交换虚光子相互作用的过程如下所示：

$$e, e \leftrightarrow e, e \text{ 间接的} \tag{6.2}$$

只有实粒子用一端开放的线表示（两个入射和出射的电子），虚光子的两个端点连在基本相互作用(6.1)的顶点上.

实际上，还有一个另外的原则与时间反演相关——所有的粒子都有反粒子.（对于某些电中性粒子，例如光子，反粒子就是粒子本身.）这个规律可以由相互作用关系式中将一个粒子放到式子另一边的同时将粒子变成反粒子得到. 电子反粒子就是正电子，所以式(6.1)蕴含着

$$e, \bar{e} \leftrightarrow \gamma$$

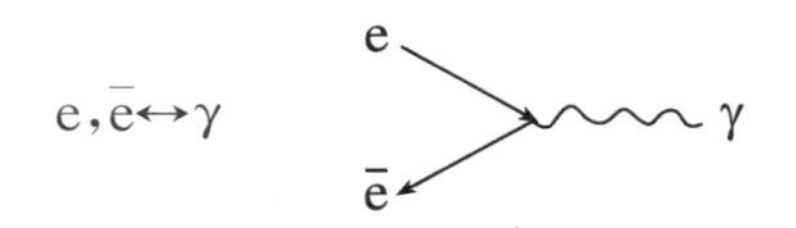

实际上，正反粒子对湮灭和产生的规律完全由式(6.1)给出.将光子放到关系式的另一边，$e,\bar{\gamma}\to e$，只是再次表示了同样的式(6.1)，因为光子实际上没有反粒子，或者更确切地说，光子的反粒子仍然是光子.

其他的基本粒子也可以与光子耦合；例如，如果 p 代表一个质子，我们有

$$p\leftrightarrow p,\gamma \tag{6.3}$$

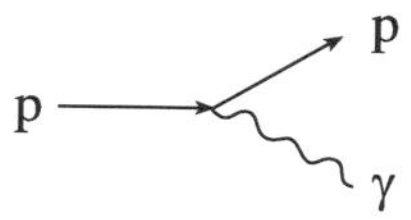

所有与光子耦合的粒子称作"带电的".关于电荷 e 的数值，有两个特殊的定律，它们都没有被很好地理解.一个是所有的基本粒子都带有相同的电量(但是可以是正的或负的).另一个是所有的其他耦合都不能改变参与相互作用的粒子的总电量.最后，电荷 e 的电量数值以无量纲的形式由一个比值 $e^2/(\hbar c)=1/137.039$ 度量.这个用来度量我们称之为电子与光子相互作用(6.1)强度的数字的取值及其来源也是难以解释的.它的大小已经被实验所确定了.因为 1/137 是一个很小的数，所以我们说电磁耦合是一个非常弱的相互作用.

费米耦合　除了电磁耦合以外，还有一类更弱的耦合——费米耦合，用来解释原子核的 β 衰变.例如，中子 n 衰变到质子、电子、反中微子 $n\to p,e,\bar{\nu}$，是由如下的耦合导致的：

$$\bar{p},n\leftrightarrow\bar{\nu},e \tag{6.4}$$

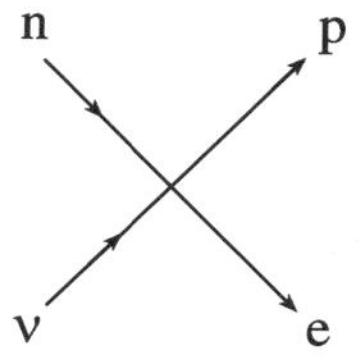

我们称之为费米耦合，通常也称之为弱相互作用.费米耦合的另一个例子是 μ 子的衰变，μ 子是一个像电子一样带电的粒子，但是质量是电子的 208.8 ± 1 倍，$\mu\to e+\nu+\bar{\nu}$：

$$\bar{\nu},\mu\leftrightarrow\bar{\nu},e \tag{6.5}$$

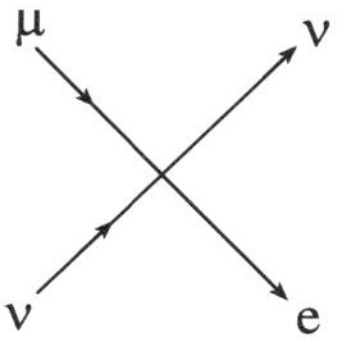

第三类费米耦合导致原子核俘获一个 μ 子，$\mu+p\to n+\nu$：

$$\bar{\nu}, n \leftrightarrow \bar{p}, n \tag{6.6}$$

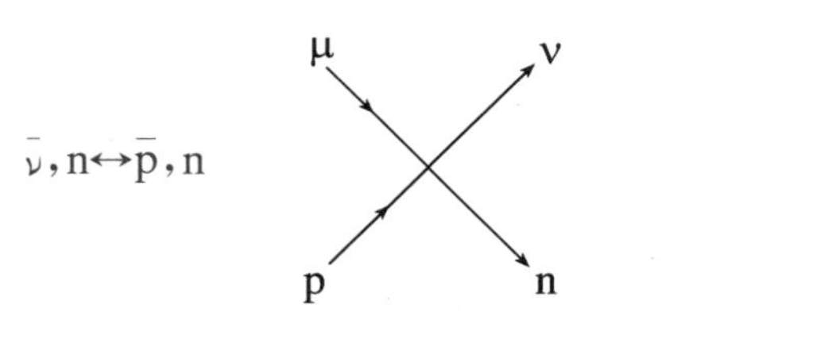

其他的费米耦合毫无疑问地存在于奇异粒子的慢衰变过程中，我们将在后面讨论.

第 7 章

费米耦合和宇称的失效

值得注意的是，前面三个例子中的耦合强度似乎是相等的，是由一个常数 G 来度量的，满足 $GM^2/\hbar c=(1.01\pm0.01)\times10^{-5}$. 其中，$M$ 是质子质量，是为了使比值无量纲而引入的. 此常数看上去非常小；耦合非常弱. 已知的中微子（静质量为零，自旋 1/2）所参与的耦合只有费米耦合，所以物质与此粒子的相互作用非常小，以至于对它的直接探测极其困难.

对这种费米耦合的详尽的表述形式是在 1957 年确立的. 值得注意的是，这是唯一的一个违反了物理定律的反射对称性原理（也称作宇称守恒定律）的耦合.

长时间以来，人们相信，对每一个物理过程都存在（或者原则上可以存在）其镜像的过程. 因此，左手性和右手性的不同被认为是相对的；不能在绝对意义下定义. 当然，我们必须忽略历史因素（例如，感受到我们的星球的转动），因为这些对应着特定的初始条件的选择. 如果我们用无线电传送给另一个星系的某居民一些具体指令用于建造某一仪器，他可能建的是完全镜像的仪器，因为我们无法告知他在我们的约定下左和右是什么. 所有与电磁力和核力有关的实验都支持这一观点.

这一观点在量子力学里面导致了态的一个属性，称作宇称. 假设某仪器产生了一个处

于 φ 态的客体,而镜像仪器产生的镜像客体处于 φ'态. 线性叠加原理要求

$$\varphi' = P\varphi$$

其中,P 是一个线性算符.但是,在相差一个任意的相位意义下

$$P\varphi' = \varphi$$

因此,$P^2=1$.从而只有两种可能性的态:

$$\varphi \xrightarrow{\text{空间反射}} +\varphi \quad \text{偶宇称}$$

$$\longrightarrow -\varphi \quad \text{奇宇称}$$

空间反射对称性原理要求系统永远保持在具有某特定宇称的态中.

然而,1957 年初,在杨和李的建议下,人们进行了一系列 β 衰变的实验,在这些实验中这一原理被违反了.考虑如图 7.1 所示的^{60}Co 的实验.在低温下^{60}Co 的自旋在磁场下校准,被观测的是发射出的电子的角分布.结果是,电子主要在与^{60}Co 自旋相反的方向射出.然而,镜像的实验则表现为电子主要在与^{60}Co 自旋相同的方向射出.因此,镜像的过程是一个在我们的世界里不存在的物理过程.我们好像最终可以用无线电告诉在外太空中的那个人如何区分左和右.我们告诉他,将某些^{60}Co 自旋校准,用电子射出的主要方向的反方向来定义磁场的方向.但是如果我们的伙伴是由反物质构成的,用的是反^{60}Co,观察到的是正电子,怎么办? 现在我们相信他应用的是左手规律.也就是说,我们考虑镜像的世界是可能的,只不过要把物质换成了反物质.那么,反^{60}Co 所发出的正电子会和磁场方向一致.

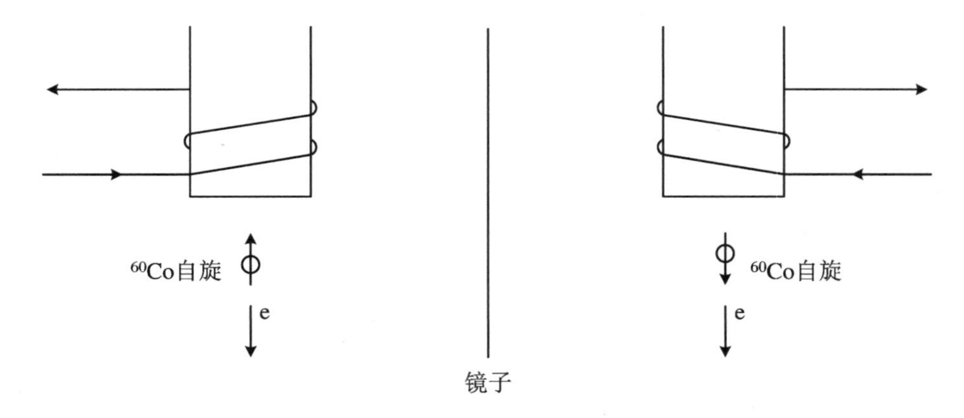

图 7.1

引力　除了这些耦合之外，还存在另外一种更加弱的耦合——引力.引力的规律，尽管在经典极限下的认识已经非常令人满意了，却还没有完全令人满意地与量子场论的观点相整合.但是假如可以做到这一点，那么将会有一个粒子(引力子，静质量为0，自旋为2)普适地耦合到每一个粒子，其耦合常数非常小以至于电子之间的引力是电相互作用力的10^{-39}.

核力　除了引力、费米和电磁耦合这些弱耦合以外，还必须有比这些强得多的耦合.在原子核中把中子结合在一起的力太强了，无法用别的方法来解释.我们现在要讨论的正是这些强耦合及表现出这些耦合的粒子.电子、μ子、中微子(统一将它们称为轻子或弱相互作用粒子)并没有参与强相互作用，光子和引力子也不参与.那些表现出强耦合的粒子叫作"强相互作用粒子"，包括超子①(其中也包含中子和质子)和介子.(μ子确切地说不能被认为是介子.)

将电子束缚到原子核周围的力当然是组合(6.1)和(6.3)得到的质子和电子之间交换虚光子产生的电吸引力.而原子核是由中子和质子通过它们之间的强吸引相互作用结合在一起的.

通过研究原子核以及用质子散射中子和质子，人们对这种核力进行了非常仔细的研究.结果表明，它不仅比电磁相互作用强得多，还复杂得多.实际上，除了一个很小的出乎意料的情形以外，它几乎是要多复杂有多复杂.它不是平方反比力，取而代之的是在短程内非常强的排斥和一定的长程范围内的吸引，此吸引在超过10^{-13} cm后很快衰减到零.此力与p和n的相对自旋的方向以及它们的自旋方向与它们之间连线的关系有关.它甚至依赖于粒子的速度及其与自旋方向的关系(自旋轨道相互作用).但是，那个很小的出乎意料的情形是：p和p，p和n，n和n的相互作用看上去几乎相同.当然，p和p之间还有电磁相互作用，在p和n之间则没有与之对应的相互作用.但当考虑到这点后，即总的力是核力加电磁力，在我们所能够达到的分辨能力下，当这些粒子处在相对应的态时，p和p，p和n，n和n之间的核力部分是相等的.

同位旋　这样，强核力的起源应该具有某种对称性(称作同位旋对称性)，以至于核力与粒子是中子还是质子无关.即使是质子和中子静止质量之间的微小差别也非常可能是来源于围绕在它们周围的电磁场引起的质量的不同.

我们获得了第一个经验.强相互作用的粒子是成组出现的.核子是一组的两个粒子，质子和中子.我们说单个核子有两个态，质子和中子.这些态具有相同的能量.类似于电子在某个方向上朝"上"和朝"下"的两个自旋态，在没有磁场时，这两个态具有相同的

① 译者注：此处原文为"hyperons"，译为超子，原文将质子和中子包含在内，跟现在超子的含义有所不同，现在的超子定义中要求带有奇异数，重子数为1，所以不包含质子和中子.

能量.

实际上,因为两态系统的量子力学已经通过研究自旋-1/2系统被理论物理学家所完全了解,所以他们喜欢充分利用类比,说核子的两个状态代表的是在某个想象中的三维空间中的自旋1/2的客体的"上"和"下"的两个状态.这个空间被称作同位旋空间.我们说核子具有同位旋1/2.核力的相等来自于同位旋空间中的轴向可以取任意方向的假设.在通常的空间中,轴向可以取任意方向的结果是角动量守恒.强相互作用则满足一个对应的定律——总同位旋守恒定律.

由于具有自旋0,1/2,1,3/2,…的粒子分别有1,2,3,4,…个态,当我们发现例如有三个粒子组成一个集合时,我们说它具有同位旋1,以此类推.然后,我们可以利用已知的不同角动量合成的规律来决定这些粒子如何相互耦合来保持质子和中子之间的对称性,或者更一般地,我们说,保持同位旋对称性.

这只应用于强耦合;同位旋守恒被弱的相互作用如电磁相互作用所破坏.质子和中子当然和光子有完全不同的耦合.

π介子-核子耦合 作为这些想法的一个例子,汤川(Yukawa)建议,假定核力是由一个类似于式(6.2)的过程导致的,只不过电子由核子取代,而光子由另一个粒子取代.让我们试着做一下.设想有一个类似于式(6.1)的基本过程,如

$$p \leftrightarrow n, \pi^+ \qquad p \longrightarrow n,\ \pi^+ \tag{7.1}$$

其中π^+代表一个正的π介子,一个新的粒子,带有一个正电荷以保证电荷守恒定律没有被破坏.现在,在质子和中子间可以由于交换一个虚的π^+而存在一个力:

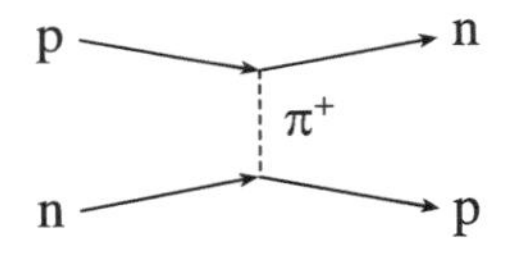

(恰巧p和n交换了一下,所以此力被称作交换力.)在两个质子之间式(7.1)也会导致一个交换两个π介子的力:

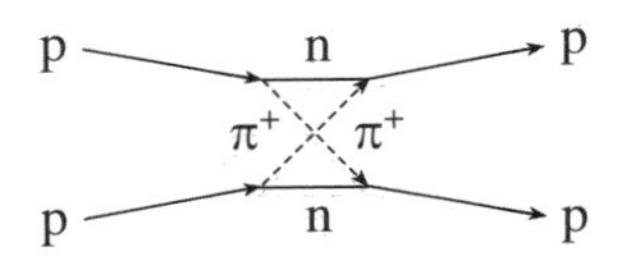

但是交换两个π介子产生的力不能和交换一个π产生的力相等.所以,两个质子之间一定有某种方式只交换一个π介子.一定存在一个中性的π介子和一个像这样的过程:

$$\mathrm{p} \leftrightarrow \mathrm{p}, \pi^0 \qquad \mathrm{p} \longrightarrow \mathrm{p}, \pi^0 \tag{7.2}$$

同样对于中子，

$$\mathrm{n} \leftrightarrow \mathrm{n}, \pi^0 \qquad \mathrm{n} \longrightarrow \mathrm{n}, \pi^0 \tag{7.3}$$

新的可能性也改变了 n 和 p 的相互作用，给出不交换的部分

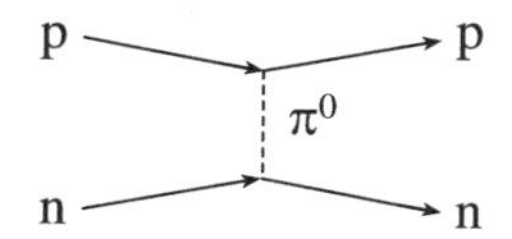

经过一些尝试后，我们发现如果式(7.1)是对的，式(7.2)、式(7.3)和式(7.4)都是必需的，但是式(7.1)和式(7.4)的振幅(类似于电荷，但是对于 π 介子的耦合)必须都等于$\sqrt{2}$倍的式(7.2)，并且式(7.3)的振幅等于式(7.2)的相反数. 然后，可以证明核力 pp = pn = nn 的对称性在所有情况下都保持正确，不管有多少个 π 介子被交换.

$$\mathrm{n} \leftrightarrow \mathrm{p}, \pi^- \qquad \mathrm{n} \longrightarrow \mathrm{p}, \pi^- \tag{7.4}$$

第 8 章

π 介子-核子耦合

我们假设存在三种基本相互作用：

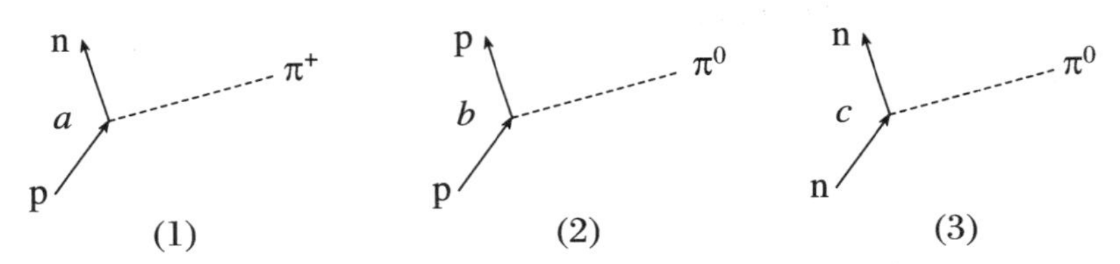

这里耦合常数 a，b 和 c 分别对应于过程(1)，(2)与(3)的振幅．我们想确定这些耦合常数，使得介子与核子处在相应的态上时核力具有对称性(p，p)＝(n，n)＝(p，n)．在微扰论的最低阶我们有图 8.1 所示的过程，所以必定有 $bc+a^2=b^2=c^2$．倘若取$b=c$，$a=0$，带电 π 介子与核子之间将没有相互作用．这与实验事实是矛盾的．因此

$$b=-c,\quad a=(2b)^{1/2}$$

耦合常数 a 的另一个选择$a=-(2b)^{\frac{1}{2}}$相应于对 π 介子的位相做出不同的定义．这个位相总之是任意的．

但这一结果也可以容易地从另一个途径得到．设我们有一个 π 介子三重态(π^+，π^0，π^-)，其同位旋量子数为1．考虑核反应N↔N＋π(这里我们用N表示一个核子，即一个

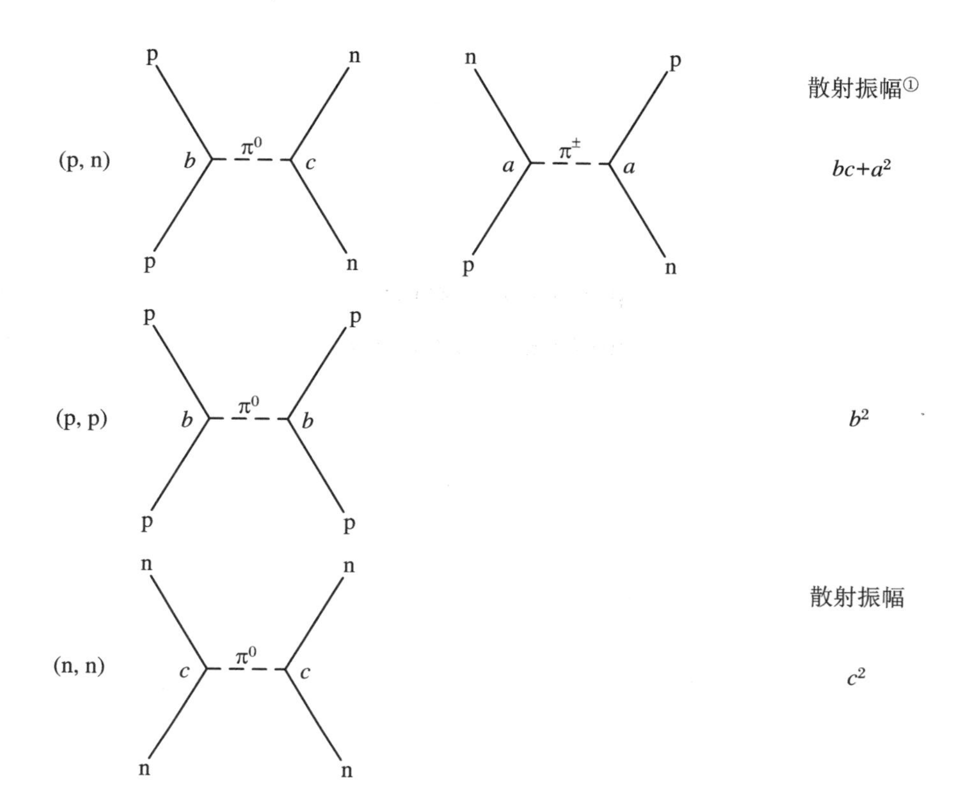

图 8. 1

① 我们必须把第一个过程中的振幅加起来，这有点棘手. 为了把(p,n)与(p,p)和(n,p)体系进行比较，我们应当考虑在标号交换下对称的(p,n)态. 我们有

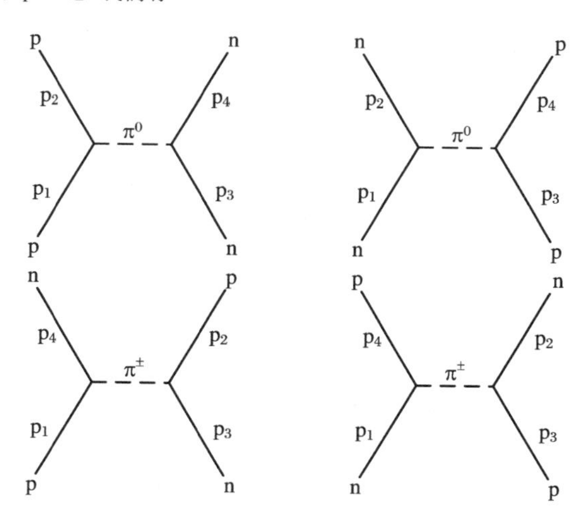

它们相应于两种情况下在相同的初末态之间的跃迁. 按照我们的规则，振幅必须相加.

质子或者一个中子).反应式的左端是一个核子,其同位旋为 1/2.右端有六个可能的态,即$(p\pi^+)(p\pi^0)(p\pi^-)(n\pi^+)(n\pi^0)(n\pi^-)$.因为我们可以把同位旋为 1/2 的核子与同位旋为 1 的 π 介子组合成同位旋分别为 1/2 与 3/2 的二粒子态,这些态可以进一步组合成一个二重态和一个四重态.如果同位旋在强耦合过程中守恒,反应式右端的态必定具有同位旋 1/2.通过类似于角动量耦合的法则,我们推断

$$p \leftrightarrow (p,\pi^0) + \sqrt{2}(n,\pi^+) \tag{8.1}$$

$$n \leftrightarrow (n,\pi^0) + \sqrt{2}(p,\pi^-) \tag{8.2}$$

式中的系数给出相应态出现的相对振幅,概率是其模平方.因此如果反应的产物中核子与 π 介子处于带正电的同位旋为 1/2 的二粒子态,则(n,π^+)与(p,π^0)的概率比是2∶1.

这些 π 介子的确已被发现.它们是零自旋粒子.π^+ 与 π^- 具有相同的质量,均为电子质量的 276 倍.π^0 稍有不同,其质量是电子质量的 268 倍.这个质量差有可能简单地就是荷电 π 介子的电能.倘若计入电动力学的修正,同位旋对称性蕴藏的关于耦合常数的所有推论都已经被证实了.

那么,核子间交换 π 介子的图像正确地描写了核力吗?这个问题把我们带到了一个新的难题面前.我们不能以任意可接受的精度计算出强耦合的结果.所以,不能直接求出核力并据此判断它是否与式(8.1)和式(8.2)给出的耦合假设保持一致.我们看到存在着起源于交换一个,或者两个,当然也有三个或者更多个 π 介子的力.很容易计算交换一个介子的力,计算交换两个介子的力稍难些.核力的计算随着交换介子数目的递增会变得越来越难,并且我们一点也不知道怎样对这些计算的结果进行求和.电动力学中也存在着起源于交换一个光子、两个光子或者更多个光子的力,但每多包含一个光子的图对振幅多贡献 $e^2/\hbar c$ 或者 1/137 倍.所以,电磁力的主要来源是单光子交换,二光子交换以及更多光子交换的贡献只是少许修正,我们只需求和一个逐项迅速减小的级数(称为微扰展开).但是对交换介子的核力而言,与交换光子的电磁耦合常数 e 相对应的耦合常数 g 满足条件 $g^2/\hbar c = 15$.这个参数非常大,证实了核力"强"耦合的属性,且禁戒微扰展开.

通过援引所有可能的定理,同位旋对称性和色散关系(与信号不可能比光传播的更快的原理相联系的关系,我们在此不考虑),人们对此已经做了大量的研究.坦率地说,涉及强耦合的大部分事情在目前我们都是不可能计算的.这是一个严重的问题,它阻碍了我们对这些耦合的分析.有人甚至严重怀疑强耦合问题能被量子场论自洽描述的可能性.

间接的相互作用 为了举例说明所涉及的这种问题,考虑中子与光子间的相互作用.实验上确实存在这种作用.中子具有内禀磁矩,已知为核磁子的百万分之几.不过我们仍可假定中子与光子之间不存在直接的耦合.这是因为,通过式(7.4),中子可以在一

个虚过程中演变出多个带电粒子，从而间接地与光子发生相互作用. 图 8.2 给出了这种间接相互作用的一个可能性，但还有更多这样的图，它们涉及更多个虚介子的交换. 我们不能计算磁矩，因此无法使用漂亮的精确测量检验我们的理论. 所以我们能做的事情是利用这些中间过程定性地解释 π 介子与核子的电性质和衰变性质.

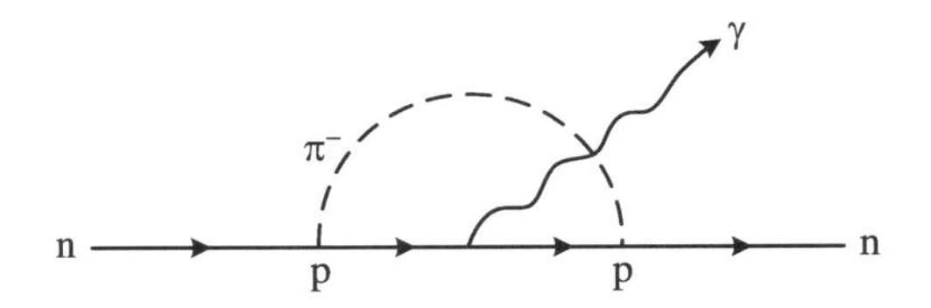

图 8.2

荷电 π 介子与中性 π 介子在衰变性质上具有显著的不同. π^0 介子会非常迅速地($<10^{-15}$ s)分裂为两个光子：

$$\pi^0 \rightarrow \gamma + \gamma \tag{8.3}$$

我们不能认为同位旋对称性暗示着对于 π^+ 存在类似的分裂反应. 事实上，因为电荷守恒，这是不可能的. 式(8.3)可以是一个电磁作用过程，对此同位旋对称性是缺失的. 我们或许希望把式(8.3)解释为中间传递一对虚的质子与反质子的结果：

$$\pi^0 \rightarrow \bar{p} + p \rightarrow \bar{p} + p + \gamma' \rightarrow \gamma'' + \gamma'$$

作为式(7.3)的推论，第一个耦合是强耦合. 接下来，质子 p 按照式(6.3)发射出一个光子，记作 γ'. 最后，核子湮灭，按照式(6.3)再发射出第二个光子 γ''.(两个光子是必需的，否则在终态中能量与动量不能守恒. 与往常一样，在转瞬即逝的中间环节能量不必守恒.)

不幸的是，我们也不能计算这个过程的衰变率，因为第一步涉及强作用. π^+ 介子的衰变要慢很多. 在大约 2.6×10^{-8} s 的平均寿命内它分裂为一个 $\bar{\mu}$ 子与一个中微子，有

$$\pi^+ \rightarrow \bar{\mu} + \nu \tag{8.4}$$

(正如所预期的那样，反粒子 π^- 在分裂为 μ 子与中微子 ν 的衰变过程中具有相同的寿命.)

这个衰变可以是经历虚态的间接结果：

$$\pi^+ \to \bar{n} + p \to \bar{\mu} + \nu$$

我们也应该期待分裂过程：

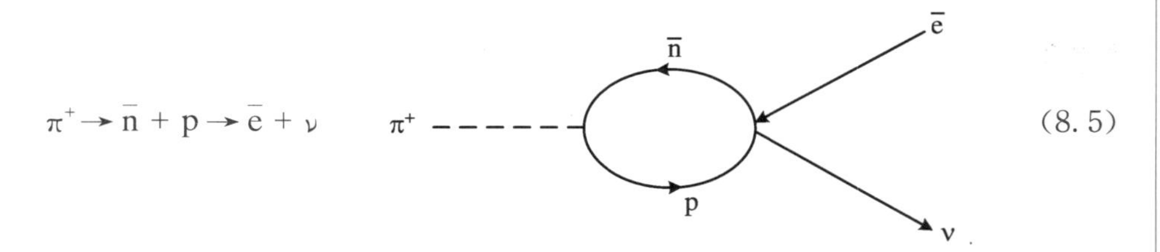

同理，由于涉及一个强耦合，我们不能直接计算这个过程的衰变率，但可以计算式(8.4)与式(8.5)衰变率的比值.我们期待在 7400 个 π^+ 介子的分裂产物中能发现一组 $\bar{e}\nu$ 而不是 $\bar{\mu}\nu$.这已被实验证实(精度大约为 ±15%).

第9章

奇异粒子

还有一些别的粒子可以与π介子和核子发生强耦合.大约七八年前在宇宙线中发现了一些新的粒子.例如,有一个中性粒子(现在称为Λ),它可以分裂为一个质子p和一个π^-介子:

$$\Lambda \rightarrow p + \pi^- \tag{9.1}$$

按照最近的测量,Λ的质量是电子质量的2182倍,寿命为$(2.6 \pm 0.2) \times 10^{-10}$ s.与强作用的自然时标(10^{-23} s,光在原子核中相邻核子间传播的时间)比较,这个反应进行得很慢.所以,这个衰变是一个弱作用过程,它可能与β衰变有关.如果局限于考虑强耦合,我们知道不存在这样的耦合:

$$\Lambda \leftrightarrow p, \pi$$

作为一个强作用过程,它被禁戒[否则式(9.1)应该进行得非常快].

那么Λ粒子是怎么产生的?宇宙线由轰击原子核的快质子构成,而原子核按照式

(7.1)[①]所示的强耦合包含着质子、中子和虚的 π 介子.实验上产生的 Λ 粒子的数目非常大,它注定是通过强耦合产生的.此过程不可能是 $p+\pi^- \to \Lambda$,因为正如我们已知的,这不是一个强耦合.它也不可能是诸如 $p+n \to \Lambda+p$ 之类的反应,因为后者意味着衰变过程 $\Lambda \to p+n+\bar{p}$ 是强耦合,根据式(7.4),$\bar{p}+n \to \pi^-$ 是强耦合,式(9.1)的核反应将会是一个强耦合.诸如

$$n+n+n \to \Lambda \tag{9.2}$$

这样的核反应也是不可能的.因为,即使式(9.1)是弱作用过程,它也是真实存在的.我们有可能通过虚反应

$$n+n+n \to \Lambda \to p+\pi^- \to n$$

在原子核内部把三个中子蜕变为一个中子.这个过程将会释放出巨大的、相当于两个中子静止质量的能量,并且除了氢原子核外没有哪个原子核会是稳定的.物质,如一块炭,其稳定性非常令人惊奇.类似的用于检测原子核分裂的精细实验已经失败.这使我们认识到,通常被称为稳定原子核的寿命至少是 10^{17} 年.

这就引导我们认识到了选择耦合时的另一个原理.不可能存在这样的耦合:不管是强的还是弱的,当它们一起作用时能使得核子可能消失或者分裂成某些更轻的东西.所以,既然 Λ 粒子的湮灭过程产生一个质子,它的产生过程就必然会消耗掉一个核子.追踪这个特性最简单的方法是赋予每一个粒子一个"隐藏"在其中的核子的数目,更准确地说,它是出现在粒子最终衰变产物中质子的净余数目(反质子的数目按负整数计算).这个参数至今尚未取得普遍接受的命名,我们不妨称之为核子荷.所以,与质子 p 和中子 n 一样,Λ 粒子的核子荷为 1.电子或者 π 介子的核子荷为 0,反质子的核子荷为 -1.尚未发现核子荷大于 1 的基本粒子.

所以我们有了一个原理.所有的耦合过程必须满足一条规则:*核子荷总是守恒的.*

协同产生　K 介子　依照与上面类似的论证,很显然在强产生过程中必定有多于一个的奇异粒子同时产生(例如 $n+n \to \Lambda+\Lambda$).实际上,已经在宇宙线中发现了一些别的粒子.例如,已经找到了一个电中性粒子,现在称之为 K^0 介子或者中性 K 介子,它可以解体为两个 π 介子:

$$K^0 \to \pi^+ + \pi^- \tag{9.3}$$

其寿命为 10^{-10} s.它的质量为 966[②],并且很显然,核子荷为 0.我们再一次邂逅了一个慢

---

① 译者注:原文疑似笔误为式(6.4).

② 译者注:此处的质量疑似以电子质量为单位,下同.若改为 MeV/c^2,则 K^0 介子的质量为 493.6 MeV/c^2,这与现代实验数据(498 MeV/c^2)略有出入.

衰变,它呈现出了与 Λ 粒子的产生所涉及的同一个问题.

派斯(Pais)和盖尔曼建议这两个粒子必须是相伴产生的,真实的产生反应是一个强耦合的结果:

$$\mathrm{n} \leftrightarrow \Lambda, \mathrm{K}^0 \qquad \mathrm{n} \longrightarrow \Lambda,\ \mathrm{K}^0 \tag{9.4}$$

核子碰撞可以产生这些粒子,这已经被实验直接证实.

但是,质子若参与式(9.4)之类的强耦合会影响核力(见图 9.1).n,n 与 p,p 之间核力的平衡有可能无法维持,除非对于质子也存在一个类似的强耦合.似乎并不存在一个类似于(具有几乎相同的质量)Λ 粒子的带电粒子,我们只好期待存在耦合

$$\mathrm{p} \leftrightarrow \Lambda, \mathrm{K}^+ \tag{9.5}$$

实际上确实存在着一个与 K^0 对应的带电粒子,即质量为 967 的 K^+ 介子,它最初是在宇宙线中找到的.现设法用式(8.1)和式(8.2)定义的同位旋语言表述式(9.4)和式(9.5).左端核子具有同位旋 1/2,所以,倘若同位旋守恒,右端同位旋的总和必须是 1/2.Λ 是一个单态粒子,其同位旋为 0.所以 K 介子必须具有同位旋 1/2,它有两个变种粒子,形成同位旋二重态.

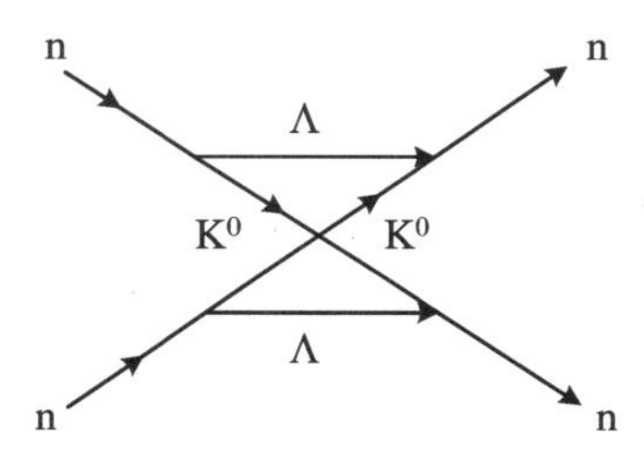

图 9.1

尽管 K^+ 介子的强耦合式(9.5)与 K^0 介子的强耦合式(9.4)相同,类似于式(9.3)的衰变

$$\mathrm{K}^+ \rightarrow \pi^+ + \pi^0$$

也确实发生了,K^+ 的寿命却为 1.2×10^{-8} s,远大于 K^0 的寿命.这提醒我们弱衰变不能维系同位旋对称性.

宇宙线中还发现了繁多得令人困惑的其他粒子.把它们组织起来的线索是用一个新的原理阐述这样一个想法,即强耦合要求这种粒子成对存在.

奇异数 让我们假设 K^0 粒子携带了一种新的、核子与 π 介子均不携带的荷,并且假

定这种荷在强耦合中既不产生,也不湮灭.这样,单个 K 粒子就不能通过强作用产生.但如果认为 Λ 粒子携带了一个单位负的这种荷,它与 K 粒子的相伴产生则是允许的.这种荷已被称为"奇异数".K^0 与 K^+ 粒子具有奇异数 1,Λ 粒子具有奇异数 −1,而核子与介子的奇异数为 0.一个强耦合反应两端总的奇异数必须保持平衡.在弱耦合过程中奇异数可以发生改变[参见式(9.3)的存在性所提供的证据].

这些想法引导盖尔曼和西岛(Nishijima)彼此独立地提出了一个方案,用于组织我们已知的奇异粒子并预言它们之间的许多关系.我们将使用这个类似于化学元素周期表的方案描写那些现在被确认存在的强作用粒子.

重子　我们首先考虑核子荷为 1 的粒子.作为一个组,这些粒子统称为超子①,如表 9.1 所示.Σ^0 粒子的存在就是上述方案预言的.据预测它可能会在极短的时间内通过光子发射衰变为 Λ 粒子.Σ^0 粒子在随后的实验中被发现,它正是如此衰变的.质量接近 2584 的两个超子 Ξ^- 和 Ξ^0 形成奇异数为 −2 的同位旋二重态($T=1/2$).Ξ^- 或称级联粒子,它早已在宇宙线实验中为人所知.(最近,它也可以通过高能加速器在实验室里产生.)Ξ^- 缓慢地(大约 3×10^{-10} s)衰变为 Λ 粒子与 π^- 介子.如此衰变方式只有当它具有奇异数 −2 才不难理解.事实上,已经观测到两个 K 介子与它相伴而生.Ξ^- 之所以应该是一个同位旋二重态的成员,这是基于盖尔曼和西岛建议的奇异荷与同位旋的关系所做出的推论:同位旋多重态中粒子的奇异数 S 等于多重态平均电荷量 q 的两倍与核子荷 N 之差.对于核子荷为 1 的超子,盖尔曼-西岛关系写为 $S=2q-1$.因为 $S=-2$,Ξ 多重态的平均电荷量必须是 −1/2,所以它必定是一个二重态.最近在实验中已经找到了预测的 Ξ^0 粒子.

表 9.1

同位旋 T	电荷			奇异数
	−	0	+	
1/2	Ξ^-	Ξ^0		−2
1	Σ^-	Σ^0	Σ^+	−1
0		Λ		
1/2		n	p	0

按照质量的大小排序,我们发现:

	奇异数
质量近似为 1836 的二重态($T=1/2$),核子 n,p	0
质量为 2182 的单态($T=0$),电中性的 Λ 超子	−1
质量近似为 2330 的三重态($T=1$),Σ^-,Σ^0,Σ^+	−1

① 译者注:现在的超子指的是带非零奇异数的重子,不包含中子和质子。

反重子 对应于每一个超子,应该存在着核子荷为 -1 的反粒子.所以,只要把相同质量粒子的电荷量与奇异数变号,反超子的图表就与超子完全相同.这些反超子中,反中子 $\bar{n}$、反质子 $\bar{p}$ 已经在实验室里人工产生.最近也成功地人工制备出了反 Λ 粒子 $\bar{\Lambda}$.

介子 接下来考虑核子荷为零的强耦合粒子(一般称为介子).它们在表 9.2 中列出.π^+ 与 π^- 互为反粒子,π^0 就是自己的反粒子.因为 K^+ 和 K^0 具有奇异数 +1,它们的反粒子必须具有奇异数 -1.并且特别地,必须存在两个电中性的 K 介子,它们的奇异数分别是 +1 和 -1.

表 9.2

同位旋 T	电荷			奇异数
	-	0	+	
1/2	K^-	K^0		-1
1/2		K^0	K^+	+1
1	π^-	π^0	π^+	0
按照质量的大小排序,我们发现:				
质量近似为 276 的三重态($T=1$),π 介子 π^-,π^0,π^+				0
质量为 965 的二重态($T=1/2$),K 介子 K^0,K^+				+1
以及它们的反粒子($T=1/2$),K 介子 $\bar{K}^0$,K^-				-1

这些就是目前的一般认知所接受存在的全体粒子.极个别的几个宇宙线事例仍然令人费解,它们或许是新粒子存在的证据.一个实验室发现的宇宙线证据暗示存在着一些质量大约是电子质量 500 倍的粒子,但寻找这些粒子的其他努力迄今为止都失败了.除了个别例外,所有反超子的存在性都有可靠的实验基础.

问题 9.1 已经做过氘核俘获 K 粒子的实验:K + D→超子 + π 介子 + 核子.表 9.3 给出了可用的数据资料.目前人们尚无法区分 Λ^0 和 Σ^0.你能检验同位旋守恒原理吗?请尽你所能对实验结果做出预测.特别地,倘若可以把 Λ^0 和 Σ^0 区分开来,实验结果应该如何?

表 9.3

反应产物	观测到的事例数
Σ^+, N, π^-	44
Σ^-, N, π^+	55
Σ^-, p, π^0	7
Λ^0, p, π^- Σ^0, p, π^-	48(总)
Λ^0, N, π^0 Σ^0, N, π^0	72(总)

第 10 章

奇异量子数导致的一些结果

奇异量子数的概念及其在强相互作用中的守恒导致了大量的预言，并且这些预言没有一个被实验否定．它非常可靠地帮助我们组织实验材料．这些预言有，例如当 Λ 或 Σ 超子在原子核碰撞过程中产生时，K^0 或 K^+ 介子也必定会产生．此外，比如产生反应 $n + n \to \Lambda + \Lambda$ 是不可能的，因为两个 Λ 超子的总奇异数是 -2，但两个中子的总奇异数是 0．

另一个例子是，K^- 粒子和飞行的原子核碰撞可以产生 Λ，但是 K^+ 不可以．

中性 K 介子的衰变　奇异数理论最引人注目的一个成功预言是由派斯和盖尔曼提出的．说的是，必须存在两个具有相反奇异量子数的中性 K 介子，K^0 和它的反粒子 $\overline{K}^0$．K^0 可以衰变为两个 π 介子，例如衰变反应

$$K^0 \to \pi^+ + \pi^- \tag{9.3}$$

已被观测到(寿命大约为 10^{-10} s)．这当然破坏了奇异数(守恒)，因为弱相互作用正是如此．它的反粒子应以同样的概率衰变成相应的反粒子末态

$$\overline{K}^0 \to \pi^- + \pi^+ \tag{10.1}$$

式(9.3)和式(10.1)中的衰变产物显然是相同的．这会导致一个非常有趣的量子力学干

涉效应.式(9.3)意味着,存在使 K^0 变成 π^+,π^- 的振幅,比方是 x

$$K^0 \to \pi^+,\pi^- \quad 振幅\ x \tag{10.2}$$

即使可能是经由复杂的虚过程导致的.而且,从粒子和反粒子的关系来看,反粒子的振幅必须是相同的

$$\overline{K}^0 \to \pi^+,\pi^- \quad 振幅\ x \tag{10.3}$$

(严格地说,它可能有相反的符号.不过两种可能性都会导致同样的结论.)

现在假设我们得到的粒子既不处于 K^0 的状态,也不处于 $\overline{K}^0$ 的状态,而是具有相等但符号相反的振幅成为 K^0 和 $\overline{K}^0$,称之为 K_2^0 态:

$$K_2^0 = (1/\sqrt{2})K^0 - (1/\sqrt{2})\overline{K}^0 \tag{10.4}$$

(振幅必须是 $1/\sqrt{2}$,因为概率(振幅平方)1/2 是 K^0,1/2 是 $\overline{K}^0$.)这样处于 K_2^0 态的粒子不能衰变成 π^+ 和 π^-,因为根据式(10.2)和式(10.3),它的振幅为$[(1/\sqrt{2})x-(1/\sqrt{2})x]=0$.当然,态

$$K_1^0 = (1/\sqrt{2})K^0 + (1/\sqrt{2})\overline{K}^0 \tag{10.5}$$

可以并且它的振幅为$\sqrt{2}x$.

因此,用来描述衰变的合适态是 K_1^0 和 K_2^0,第一个态可以衰变成两个 π 介子,第二个不行.这两个态具有非常不同的寿命和衰变产物.(事实上,K_2^0 可以衰变成三个粒子,它的寿命至少是衰变成两个粒子的 K_1^0 的一百倍.)然而,当伴随着 Λ 超子产生的一个 K 介子,其有确定的奇异数 +1①;因此它是 K^0,既不是 K_1^0,也不是 K_2^0:

$$K^0 = (1/\sqrt{2})K_1^0 + (1/\sqrt{2})K_2^0 \tag{10.6}$$

将式(10.4)和式(10.5)相加可以立刻导出上述方程.

这样对于用来分析衰变的合适的态,概率一半是 K_1^0,一半是 K_2^0.因此,当新产生的 K 介子衰变时,只有其中的一半显示出 10^{-10} s 的短寿命并衰变成两个 π 介子.剩下的部分应该有长得多的 10^{-8} s 的寿命并且衰变成三个粒子.也就是说,一个不寻常的预言是中性 K 介子应当表现出两种不同的寿命,对应不同的衰变产物.这一点现已得到证实.而且,进一步的预测也被证实了.由于 K^0 的奇异数是 +1,因此不能通过它与原子核的碰撞产生 Λ.但是,如果我们离开 K^0 束流源足够远,从而 K_1^0 差不多已经衰变掉了(但还不够远到 K_2^0 也相当程度地发生衰变),这样束流一定几乎完全处于 K_2^0 态上.根据式(10.4),

---

① 译者注:原文是 −1.

这时候奇异数不是确定的;奇异数为 -1 的 $\overline{K}^0$ 的振幅是 $-1/\sqrt{2}$,所以概率是1/2.那么通过 K 介子束流碰撞原子核就可以产生 Λ.这种 Λ 产生已经在实验上被证实.

有人也许会问:束流中的奇异数是如何从产生时的 +1 进一步变成 -1 的?答案是通过式(10.3)的虚过程并伴随其逆过程.对的,奇异数的破缺是由于一个很弱的耦合 x^2,但是 K^0 和 $\overline{K}^0$ 质量的相等使得共振成为可能,因而即使该过程的振幅小,也会逐渐积累成一个大的效应.

这是理论物理最伟大的成就之一.它并不是基于一个优雅的数学魔术,比如广义相对论,但是这些预言和正电子的预言一样重要.特别有趣的是,我们利用叠加原理得到了最终的逻辑结论.玻姆(Bohm)和他的同事们认为量子力学的原理只是暂时的,终将无法解释新的现象.然而它是有效的.这并不证明它是正确的,不过在我看来,叠加原理就在这里!

11

第 11 章

强耦合机制

现在有超子和介子这些粒子,并且知道它们是强耦合的,下一个问题是找出哪些粒子与哪些粒子强耦合,以及以什么方式耦合.尽管耦合必须满足核子数、电荷、同位旋和奇异数守恒,但这离完全确定它们还差得很远.例如,除了式(8.1)和式(8.2)的核子耦合,π 介子还有什么耦合?是否存在 $\Lambda \rightarrow \Sigma, \pi$ 的耦合,其耦合强度和种类如何?等等.再者,式(9.4)和诸如 $N \leftrightarrow \Sigma, K$ 或者 $\Sigma \leftrightarrow \Xi, K$ 反应中 K 介子的耦合规律是什么?甚至这些粒子的自旋也是不确定的.对 $K^+ \rightarrow \pi^+ + \pi^+ + \pi^-$ 衰变的研究强烈表明 π 介子不携带角动量,因此 K 介子的自旋很可能是 0.尽管 Λ 和 Σ 的自旋被标明为 1/2,但是关于 Λ, Σ 和 Ξ 的实验数据并不完全,很有可能超子都具有 1/2 自旋,介子自旋为 0.

费米-杨振宁模型 作为许多用来理解强相互作用的模型中的一个例子,我来讨论一下费米和杨振宁的想法.

假设中子和质子均携带着一个类似于电荷但符号相同的荷,使得它们与一个质量非常大的矢量介子耦合.那么,类似 $e\bar{e}$ 系统的长程电吸引力,$n\bar{p}$ 系统会感受到短程的吸引力.n 和 $\bar{p}$ 在一起具有 2×938 MeV 的质量,我们假想它们被非常强地束缚在一起,比如结合能大约为 1600 MeV.如果这是正确的,系统的总角动量是 0,宇称是 -1,我们得到

π^- 介子：$[n\bar{p}] = \pi^-$．同样地，$[p\bar{n}] = \pi^+$．典型图的形式如图 11.1 所示，图中波浪线表示矢量介子交换．我们期待 $p\bar{p}$ 和 $n\bar{n}$ 系统也如此．哪一个是 π^0 介子呢？

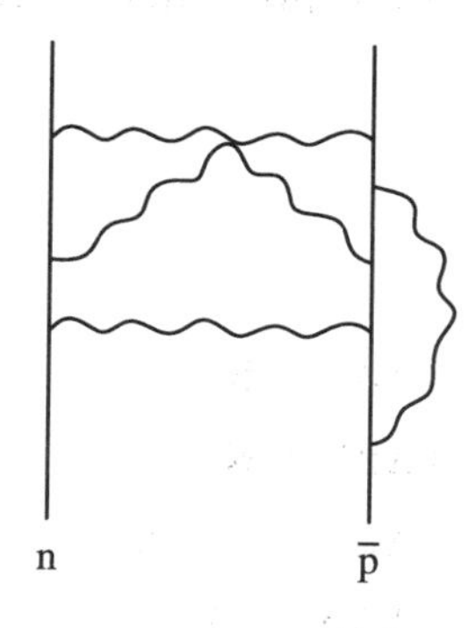

图 11.1

注意到 $p\bar{p}$ 和 $n\bar{n}$ 系统有额外的图 11.2，这是 $n\bar{p}$ 和 $p\bar{n}$ 情形中没有的．事实上，具有和 π^+ 与 π^- 相同能量且不湮灭的系统[①]为

$$(1/\sqrt{2})([\bar{p}p - \bar{n}n]) = \pi^0$$

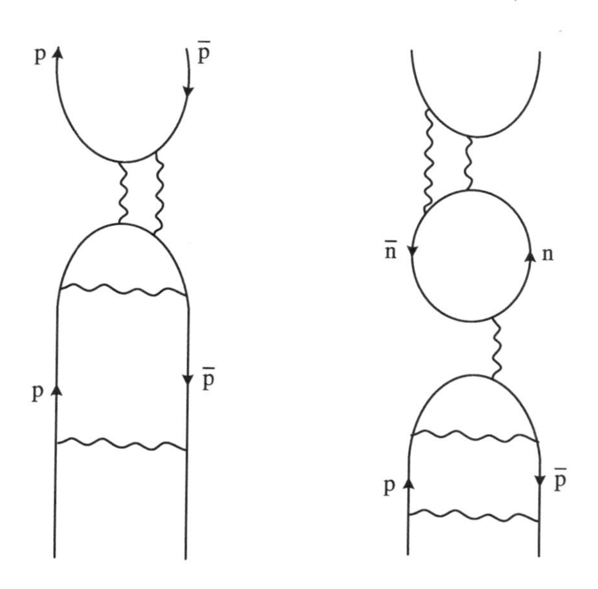

图 11.2

① 因为 $\bar{p}p$ 和 $\bar{n}n$ 都有相同的湮灭振幅，所以态 $(1/\sqrt{2})(\bar{p}p - \bar{n}n)$ 不能湮灭．在判断是不是同位旋三重态时，必须记住 $\bar{n}$ 记为 $-(1/2)$．

这些构成了同位旋三重态.另一个态

$$(1/\sqrt{2})([\bar{p}p+\bar{n}n])=\Delta^0$$

可能不形成束缚,或者具有不同的也许更高的能量,成为总同位旋 $T=0$ 的一个新介子,到目前为止还没有被观测到.

为了得到余下的粒子,必须至少引入一个带有奇异数的"基本"粒子.选择 Λ,这样

$$(\Lambda\bar{p})=K^-$$
$$(\bar{\Lambda}p)=K^+$$
$$(\Lambda\pi^{+,0,-})=\Sigma^{+,0,-}$$
$$(\Lambda\Lambda\bar{p})=\Xi^-$$
$$(\Lambda\Lambda\bar{n})=\Xi^0$$

奇异数就是 Λ 超子的数目.所以你会发现,可以将所有的强相互作用粒子想象成 n,p 和 Λ 的复合态,并有同位旋和奇异数守恒.

我来告诉你们一个隐含的假设:你不能判断一个粒子究竟是"基本"的,还是由"基本"粒子复合而成的.换句话说,所有复合粒子的理论都会给出等价的结果(如果我们可以计算),并且没有办法区分它们.

如果一个系统,组成它的粒子的质量和总的结合能相比很大(如原子核、原子),那么说它是复合系统是合理的.但是,当结合能是自由粒子质量相当大的一部分时,区分是复合还是基本粒子就不再合适.如何才能更清楚地阐述这一想法,如何实际应用?我不知道.

关于强耦合详细机制的理论建议几乎都是猜测性的.这里我们再给出两个.一个是盖尔曼(见参考文献[7])的建议,称为整体对称性.这一建议指出,假如没有 K 的耦合,所有的超子具有相同的质量,并属于同一个八重态.Λ 和 Σ 的线性组合形成了两个新的态,即 $Y=(1/\sqrt{2})(\Lambda-\Sigma^0)$ 和 $Z=(1/\sqrt{2})(\Lambda+\Sigma^0)$.那么,如果将式(8.1)和式(8.2)π 介子与 n 和 p 耦合中的 n,p 替换为 Y,Σ^+,或者替换为 Σ^-,Z 或 Ξ^-,Ξ^0,我们认为 π 介子耦合的形式和大小都不变.破坏这个对称性的 K 介子耦合依然无法确定.

另一个建议是 π 介子直接和同位旋矢量耦合,并且该耦合给出 Λ 和 Σ 的质量劈裂.K 以不劈裂 Λ,Σ 四重态的方式分别耦合 n,p 和 Λ,Σ 以及 Ξ^-,Ξ^0 和 Λ,Σ 四重态(但是 n,p 耦合和 Ξ^-,Ξ^0 耦合的系数不同).(按照盖尔曼(见参考文献[7])的约定,$g_{\Lambda\pi}=0$,$g_{N\pi}=1/2$;$g_{\Sigma\pi}=g_{\Xi\pi}$,$g_{\Sigma K}=g_{\Lambda K}$;$h_{\Sigma K}=h_{\Lambda K}$.)此机制预期质量值的模式和观测值对应得非常好.遗憾的是,这一假说的关键证据尚未找到.

有一个大的实验项目,通过原子核的碰撞以及通过光子、介子与原子核的散射和相

互作用等来确定 K 介子的产生.但是对于理论物理学家,有了这些数据,我们能做什么呢?我们什么也做不了.我们面临一个很严重的问题,需要一个颠覆性的想法,有点像爱因斯坦的理论.也许所有的实验结果将导致一些荒唐的、出乎意料的事情,有人可以根据一些简单的规则计算出一切.我们正在做的可能好比为了解释氢原子光谱而炮制出的那些复杂模型,结果却是一些非常简单的规律.

另一个关于强耦合的问题.也有 Λ 和核子之间强相互作用的直接证据.存在由一个超子 Λ 和很多个核子束缚在一起的超裂片(更好的名字是超核).例如通过原子核的 K^- 俘获而生成的超核 $_{\Lambda}^{4}He$ 已经被发现.这个超核由两个质子、一个中子和一个 Λ 束缚起来.束缚 Λ 的能量是几个 MeV.当然,这个系统是不稳定的,因为式(9.1)的 Λ 弱衰变给出了 Λ 消失并释放出一个 π 介子和 37 MeV 能量的机制(或者 π 是虚的或被再俘获,它的静止能量表现为恒星内核子的动能).从这些超核的研究中,我们最终可以得到关于 Λ-核子之间相互作用力的信息.至少它几乎与核子和核子之间的相互作用一样强.更多的细节见达里兹(Dalitz)的综述文章(见参考文献[8]).

额外的关于强耦合的证据最后应该来自于它们和弱耦合关系的研究.例如,磁矩、电磁质量差以及各种弱衰变过程的相对衰变率一定会告诉我们关于强相互作用粒子的一些事情.然而对所有与强耦合相关证据的理论分析却严重受制于在这种耦合下定量计算的无能为力.

第 12 章

奇异粒子的衰变

我们接下来看看这些粒子弱衰变的证据.实验中关于所有这些粒子的质量和衰变性质的信息如表 12.1 所示.这里我们只关心超子和介子的衰变.其中两个衰变显然是(与强相互作用所导致的虚粒子态相关联的)电磁耦合的结果,$\pi^0 \to \gamma + \gamma$ 和 $\Sigma^0 \to \Lambda + \gamma$.这些也是电荷守恒和电磁耦合不改变奇异数的原理所允许的过程.

表 12.1

衰变产物	分支比(%)	寿命(s)
$n \to p + e + \bar{\nu}$		1040
$\Lambda \to p + \pi^-$	63 ± 3	2.6×10^{-10}
$n + \pi^0$	37 ± 3	
$\Sigma^+ \to p + \pi^0$	46 ± 6	0.8×10^{-10}
$n + \pi^+$	54 ± 6	
$\Sigma^- \to n + \pi^-$	100	1.6×10^{-10}
$\Xi^- \to \Lambda + \pi^-$	?	$\approx 10^{-9}$

续表

产物	分支比(%)	寿命(s)
$\pi^+ \to \mu^+ + \nu$	100	2.56×10^{-8}
$e^+ + \nu$	0.013	
$K^+ \to \mu^+ + \nu$	59 ± 2	1.22×10^{-8}
$\pi^+ + \pi^0$	26 ± 2	
$\pi^+ + \pi^+ + \pi^-$	5.7 ± 0.3	
$\pi^+ + \pi^0 + \pi^0$	1.7 ± 0.3	
$\pi^0 + e^+ + \nu$	4.2 ± 0.4	
$\pi^0 + \mu^+ + \nu$	4.0 ± 0.8	
$K_1^0 \to \pi^+ + \pi^-$	78 ± 6	1.0×10^{-10}
$\pi^0 + \pi^0$	22 ± 6	

其余的衰变都具有相同数量级的寿命.我们相信它们都是费米类型(与之前一样,与强耦合所导致的虚粒子态有关的)耦合的结果.这个假说已经可以解释许多特性,包括寿命的一般数量级.当然,衰变过程中发射出轻子并不意外.但是即使没有轻子参与,宇称的不守恒(左右反射的不对称性)也表明是费米耦合.同样的 K 介子可以衰变到两个 π 介子,也可以衰变到三个 π 介子(总角动量 0),这实际上是宇称守恒可以被物理定律破坏的第一个迹象.最近,在 Λ 到 $p+\pi^-$ 的衰变过程中,在产物的方向上发现了一种显示反射对称性失效的不对称性.我们已经写下了三个费米耦合式(6.4)、式(6.5)和式(6.6),但是每个情形,轻子的奇异数计为 0 的话,则不会导致奇异数的改变.这样,在这三种耦合下,我们只能期望解释 $\Delta S=0$ 的衰变,其中 S 是总的奇异数.这样的衰变只有中子衰变 $n \to p+e+\bar{\nu}$ 和 π 介子衰变 $\pi^+ \to \mu^+ + \nu$,我们已经在一个由式(6.6)通过虚粒子态导致的间接结果中讨论过.

剩下的衰变包含一个单位的奇异数改变,$\Delta S = \pm 1$.导致这种改变的基本耦合我们还没有确定,尽管几乎可以肯定它们是费米耦合.如何确定它们是个非常有趣的问题,我们将要对其深入讨论.

费米耦合机制 我们先来数一下最少需要多少新的耦合.首先,存在 $K^+ \to e^+ + \nu + \pi^0$ 意味着 $\bar{\nu}e$ 耦合到一个奇异数变化的粒子对,不一定非得直接耦合到 $\bar{K}^+\pi^0$,因为如果其他的粒子对如 $\bar{p}\Lambda$ 耦合到 $\bar{\nu}e$,那么强耦合就允许有这样的衰变.例如图 12.1,K^+ 可以变成虚的 $\bar{\Lambda}$ 和 p,$\bar{\Lambda}$ 再衰变到 $\overline{pe}\nu$,同时 p 和 $\bar{p}$ 湮灭到 π^0.让我们以与式(6.4)类似的费米耦合

$$\bar{p}\Lambda \leftrightarrow \bar{\nu}e \tag{12.1}$$

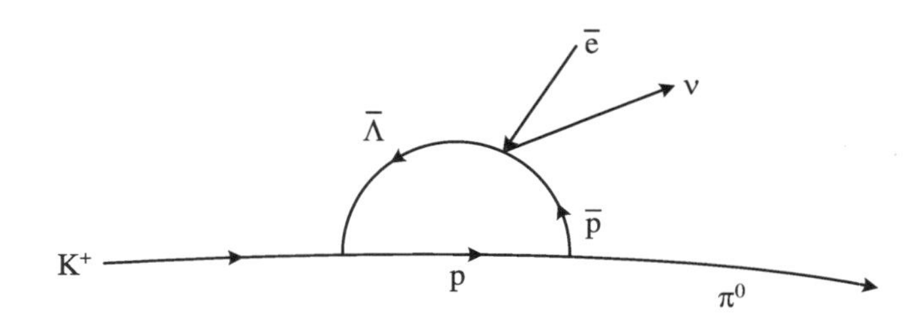

图 12.1

作为例子.但是 μ 子也在 $\Delta S=-1$ 的衰变(如 $K^+\to\mu^++\nu$ 或 $K^+\to\mu^++\nu+\pi^0$)过程中发射出来,所以,我们必须还有一个额外的耦合

$$\bar{p}\Lambda\leftrightarrow\bar{\nu}\mu \tag{12.2}$$

最后,存在着完全没有中微子参与的衰变过程.这些可能由费米耦合类似于

$$\bar{p}\Lambda\leftrightarrow\bar{p}n \tag{12.3}$$

的任何等效的耦合通过强耦合产生.例如,$\Lambda\to p+\pi^-$ 的衰变可以通过虚过程,例如

$$\Lambda\xrightarrow[(12.3)]{}p+\bar{p}+n\xrightarrow[(7.4)]{}p+\pi^-$$

加上更复杂的图.有了这三个耦合,所有已知的衰变都可以被定性地解释了.

这样六个独立的费米耦合的提议可能看上去比较复杂,但是这三个新耦合可以很自然地同时从一个假设导出.它就是费米耦合的本质是某种流和自己的相互作用

$$J\leftrightarrow J \tag{12.4}$$

问题就是找到这个由不同部分求和得到的流 J 的组成.如果 J 写成

$$J=(\bar{\nu}e)+(\bar{\nu}\mu)+(\bar{p}n)+X \tag{12.5}$$

就可以得到前面描述的耦合式(6.4)、式(6.5)和式(6.6).实验中得到前三项前面的系数相等,如果我们在 J 中加入一项改变奇异数的项,称作 X,所有的三个新耦合都会得到.上面我们已经仅仅作为一个例子指出了 X 可能的形式,但是我们现在必须更加严肃地考虑

X 项应该具有的属性.

这个想法的一个直接的后果是 X 到($\bar{\nu}$e),($\bar{\nu}\mu$)和($\bar{p}$n)这三个流的系数相等.也就是说,式(12.1)、式(12.2)和式(12.3)这三个耦合必须都具有相同的系数[尽管不一定要和式(6.4)、式(6.5)和式(6.6)的系数相等].

如果($\bar{\nu}$e)和($\bar{\nu}\mu$)到 X 的耦合相等,计算可得 K^+ 衰变到 $e^+ + \nu + \pi^0$ 与到 $\mu^+ + \nu + \pi^0$ 的一样多.这在 30% 的准确度内被数据所支持.至今没有发现 $K^+ \to e^+ + \nu$,这与 K^+ 自旋为 0 的假设是自洽的,因为这样 $K^+ \to e^+ + \nu$ 的衰变率应该比 $K^+ \to \mu^+ + \nu$ 的小得多.

我们可以检验($\bar{p}$n)和($\bar{\nu}\mu$)与 X 的耦合相等的这个预言么?很不幸,因为对强耦合的分析无能为力,我们还没有办法做到.

奇异数改变的衰变的对称性规律的提议 我们能对流 X 说些什么?我们试图做尽可能限定性的假设,这样我们可以做最多的预言,尽管有些将来可能被证明为错误的.首先,我们注意到 $K^+ \to e^+ + \nu + \pi^0$ 的存在要求如果奇异数减少则正电子被放出.所以 X 必须有一项类似($\bar{p}\Lambda$),包含总奇异数为 -1 的一对粒子(且不论如何带一个负电荷).X 中是否可以存在带奇异数为 $+1$ 的项,如($\bar{\Sigma}^+$ n)?没有证据表明必须有,所以我们假设:

规则 1 X 只包含奇异数为 -1 的项.这导致 $\Delta S = 2$ 的衰变过程被禁戒.这样,Ξ^- 不能衰变到 $n + \pi^-$,而且至今并没有看到这一衰变.

此外,尽管 K_2^0 可以等概率地分裂到 $\bar{e} + \pi^- + \nu$ 和 $e + \pi^+ + \bar{\nu}$,只有第一个对于 K^0 允许,而第二个对于 $\bar{K}^0$ 允许.所以,如果 K^0 粒子束中到轻子的稀有衰变在传播路径附近被观察到(在 K_1^0 衰变完之前),带电的轻子(e 或 μ)应该主要是带正电的.验证这一结论的实验还没有进行.

进一步,流 X 如果是($\bar{p}\Lambda$),则同位旋为 1/2;其他的组合,如仅仅是($\bar{p}\Sigma^0$),则提供了有同位旋 3/2 的成分.如果只是纯的同位旋 3/2,就会在轻衰变①中存在一个定律,$\Delta T = 3/2$,但是 K^+ 的同位旋为 1/2 的衰变 $K^+ \to \mu^+ + \nu$ 将会不可能(因为此处 $\Delta T = 1/2$).所以 X 至少必须包含一部分同位旋 1/2 的成分.我们将假定它是纯的同位旋 1/2[所以如果($\bar{p}\Sigma^0$)出现,必须是以 $-(\bar{p}\Sigma^0) + \sqrt{2}(\bar{n}\Sigma^-)$ 的组合出现的].这样,我们得到规则:

规则 2 在轻衰变中,同位旋改变只能是 1/2.我们可以通过对比衰变

$$K^+ \to \pi^0 + e^+ + \nu \tag{12.6}$$

和

$$K^0 \to \pi^- + e^+ + \nu \tag{12.7}$$

---

① 译者注:原文为 leptic decay,此处译为“轻衰变”,指衰变产物中有轻子的衰变.现在英文一般为 leptonic decay.

来检验这个规则.这个规则意味着如果 K 要拿到式子另一边变成反 K 介子,粒子对 $(\overline{K}^+\pi^0)$ 和 $(\overline{K}^0\pi^-)$ 的幅度必须以 $-(\overline{K}^+\pi^0)+\sqrt{2}(\overline{K}^0\pi^-)$ 为比例,以保证其构成一个同位旋为 1/2 的态[类似于式(8.2)].这样,第二个反应式(12.7)的振幅是第一个反应式(12.6)的振幅的 $-\sqrt{2}$ 倍,所以 K^0 的衰变率是 K^+ 衰变率的两倍.$\overline{K}^0$ 的衰变一定是

$$\overline{K}^0 \to \pi^+ + e^- + \bar{\nu} \tag{12.8}$$

即式(12.7)的反粒子反应,一定与式(12.7)发生具有一样的反应率[即式(12.6)①的反应率的两倍].K_2^0 粒子,由于其振幅有 $1/\sqrt{2}$ 是 K^0 的,$-1/\sqrt{2}$ 是 $\overline{K}^0$ 的,会以式(12.6)②的反应率衰变到 $\pi^-+e^++\nu$ 并以相同的反应率衰变到 $\pi^++e^-+\nu$.相应的关系同样可以应用到将电子替换成 μ 子的衰变过程中.目前这些预言已经被实验所证实.

---

① 译者注:原文中此处引用的是方程(12.8),疑似笔误.

② 译者注:原文中此处引用的是方程(12.8),疑似笔误.

第 13 章

普适耦合系数的问题

非轻衰变由流 J 中的 X 和($\bar{p}$n)组合导致.($\bar{p}$n)这项同位旋为 1,所以如果和一个同位旋为 1/2 的 X 结合,可以形成的同位旋仅为 1/2 和 3/2,这给出了支配奇异数改变的衰变的第三个规则:

规则 3　在非轻衰变中同位旋的改变只能是

$$\Delta T = 1/2 \quad 或 \quad \Delta T = 3/2$$

这看上去并不是有非常强的限制,但是确实有一些可以检验的后果.

首先,我们可以预言 K 介子到三个 π 衰变的电荷比例.衰变

$$K^+ \to \pi^+ + \pi^+ + \pi^- \tag{13.1}$$

中的三个 π 介子从它们的动量分布看上去是处于角动量为零的态,因此这些 π 介子的波函数是全对称的.可以证明三个同位旋为 1 的粒子的可能的同位旋全对称的态仅有 $T=1$ 和 $T=3$.如果规则 3 是正确的,那么 $T=3$ 的态不可能由原始的 $T=1/2$ 的 K 介子产生,因为这必须有同位旋 5/2 的改变参与进来.所以,最后的态一定是 $T=1$,从态的合成规则很容易证明 $K^+ \to \pi^+ + \pi^0 + \pi^0$ 的衰变率应该是式(13.1)的衰变率的 1/2(除了由于 π^+

和 π^0 的很小质量差导致的每个 π^0 增加的百分之九的衰变率以外). 实验得到的比例是 0.3 ± 0.06,这与预言的 $0.25(1.2)=0.30$ 是一致的.

同样的论证可以得到,对于 K_2^0 的三个 π 的衰变

$$K_2^0 \to \pi^+ + \pi^- + \pi^0 \tag{13.2}$$

$$K_2^0 \to \pi^0 + \pi^0 + \pi^0 \tag{13.3}$$

如果末态是 $T=1$,则应该以 2/3 的比例发生[或者由于 π^0 的质量差,修正的比例 $2(1.1)/3(1.3)=0.56$]. 对于 K_2^0 的测量才刚刚开始,到现在为止与这个预言是一致的.

K 介子分裂到两个 π 介子的过程也有一个结果. 数据是

$$\begin{aligned} K_1^0 &\to \pi^+ + \pi^- \quad 78\% \pm 6\% \\ &\to \pi^0 + \pi^0 \quad 22\% \pm 6\% \\ K^+ &\to \pi^+ + \pi^0 \quad K_1^0 \text{ 衰变率的 } 0.002 \text{ 倍} \end{aligned}$$

一个显著的特征是 K^+ 的衰变比 K_1^0 的衰变慢得多.

对于处在对称态的两个 π 介子,总的同位旋是 $T=0$ 或者 $T=2$. 对于 K^+ 分裂为一个 π^+ 和一个 π^0 的过程,只有 $T=2$ 的态是可能的. 现在这个过程一般可以由 $T=1/2$ 的 K 介子通过 $\Delta T=3/2$ 或 $\Delta T=5/2$ 得到(我们用矢量的方式将同位旋叠加). 但是,依据规则 3,只有 $\Delta T=3/2$ 可行. 这意味着 K^+ 衰变率给出了 K^0 衰变里 $T=2$ 部分的相对振幅. 实际上,这只是给出了平方,但是我们可以知道 K_1^0 到 $T=2$ 的两个 π 介子振幅是 0.052 乘上一个复位相. 这个振幅太小了以至于 K_1^0 几乎完全衰变到 $T=0$. 如果确实是这样,那么 $\pi^++\pi^-$ 与 $\pi^0+\pi^0$ 的相对比例为 2∶1,或者说 67%是带电的. 如果 $T=2$ 的振幅具有使得干涉极大或极小的相位,那么关于百分比的预言分别是 72%和 62%. 这样,如果规则 3 成立,理论上 K_1^0 的 $\pi^++\pi^-$ 的成分一定在 62%和 72%之间. 我们必须等待一些更精确的数据来看这是否正确;到现在为止百分比的结果恰恰与之一致. 这样,据我们所知,流 X 可以被限制为奇异数是 -1,同位旋是 1/2. 那么,用我们已知的粒子表示,它应该是如下形式:

$$\begin{aligned} X = {} & \alpha(\bar{p}\Lambda) + \beta[-(\bar{p}\Sigma^0) + \sqrt{2}\bar{n}\Sigma^-] + \gamma[-(\bar{K}^+\pi^0) + \sqrt{2}(\bar{K}^0\pi^-)] \\ & + \delta[-(\bar{\Sigma}^0\Xi^-) + \sqrt{2}(\bar{\Sigma}^+\Xi^+)] + \varepsilon(\bar{\Lambda}\Xi^-) \end{aligned}$$

其中,系数 $\alpha,\beta,\gamma,\delta$ 和 ε 待定. 这是我们所能前进的最远的地方了. 现在指出继续往下做的困难.

普适耦合系数的问题 考虑到在 J 中的不同项如($\bar{\nu}e$),($\bar{\nu}\mu$)和($\bar{p}n$)的系数明显相等,很自然可以提出一种普适性并且建议所有粒子的耦合常数是相等的(普适的),导致从 α

到 ε 的系数都相等并且等于 1.[或者至少如果$\sqrt{2}$的因子分布在不同的地方,某些是 1,其他的是 $1/\sqrt{2}$,来提供某种特殊的对称性.例如,如果 $\alpha=1/\sqrt{2}=-\beta$,前两项变成了$(\bar{\text{p}}\text{Z})+(\bar{\text{n}}\Sigma^-)$,从整体对称性的角度看是特别简单的组合.]

作为前面提出的第二个强耦合机制的一个进一步的例子,一个特别简单的猜想是:(1) 奇异数不改变的费米流耦合到与 π^+ 相耦合的相同的粒子组合上,即同位旋的一个分量;(2) 奇异数改变的费米流耦合到与 K^+ 相耦合的相同的粒子组合上.这意味着 $\alpha=-\beta$,$\delta=\varepsilon$,而且有可能 $\gamma=0$.

但是有直接的证据表明并不是这样的.如果 $\gamma=1$,不管其他项,衰变 $\text{K}^+\to\pi^0+\text{e}^++\nu$ 可以是一个直接的过程,其衰变率已经被计算了.结果快了 170 倍! 可能会有其他的图导致的修正,但是可以肯定的是,这些修正不能显著降低衰变率.我们推断出或者 $\gamma=0$ 或者数量级是 0.08(即 $1/\sqrt{170}$,因为衰变率正比于 γ^2).如果 γ 是 0,那么这个过程应该是一个间接的过程,我们不能计算(尽管最初的猜测是很难看出为什么它会这么慢,即使 γ 为 0,而其他常数是 1 的数量级——但是我们对于其他的常数并不能通过这样的方式得到确切的结论).同样,如果 $\alpha=1$,我们也可以计算 $\Lambda\to\text{p}+\text{e}+\bar{\nu}$ 的衰变率.这个过程和把 e 换成 μ 的过程还没有被观测到,但是我们可以预言这会占 Λ 分裂过程中的 16%.实验中,这个过程出现的频率至少要小于这个的十分之一.这也不像是与其他的图相干的效应,所以 α 很可能小于 0.3.另外,Σ^- 的轻衰变没有被观测到,同样比 $\beta=1/\sqrt{2}$所期望的结果的百分之十要小,所以 $\beta/\sqrt{2}$必须也小于 0.3.因此 X 到轻子的耦合看上去并不像是期望中的普适的系数;实际上,更可能是数量级为 0.1 的系数.(从 $\text{K}^+\to\mu^++\nu$ 的快衰变并不能否定这一点,仍然是因为定量计算的不确定性.)

我们可以将以上各点总结为如下的观察:尽管并不是理论所预期的,实验数据可能表明

规则 4　改变奇异数的轻衰变比那些没有奇异数改变的过程更慢(尽管 $\text{K}^+\to\mu^++\nu$ 可能是个反例).

但是如果 X 中与轻子耦合的系数是 0.1 的数量级,我们期望它们跟$(\bar{\text{p}}\text{n})$耦合是完全一样的.这并不令人满意,因为非轻衰变看上去比这快得多.它们看上去要求这些系数是 1 的量级,但是我们不能肯定,因为我们不能真正计算这些过程,由于有强相互作用的虚粒子的参与.

另外,实验数据暗示着还存在着一个没有理论解释的近似的对称性规律:

规则 5　具有 $\Delta T=3/2$ 的奇异数改变的非轻衰变比那些 $\Delta T=1/2$ 的更慢,即更弱.

第 14 章

奇异量子数改变的衰变的规则：实验

我们已经注意到在 $K \to \pi + \pi$ 衰变中，中性 K 介子（$\Delta T = 1/2$）的衰变要比带电 K 介子（$\Delta T = 3/2$）快 500 倍. 这里 $\Delta T = 3/2$ 衰变的振幅仅为 $\Delta T = 1/2$ 衰变振幅的 0.052.

让我们探询一下别的过程中是否也存在着相似的主要衰变. 最好的研究方法是查看别的数据在何种程度上能满足非轻衰变完全是 $\Delta T = 1/2$ 的规则.

第一，在 Λ 粒子的来自于 $T = 0$ 的衰变中，终态必须由 $T = 1/2$ 主导，$p + \pi^-$ 和 $n + \pi^0$ 的比率将不得不为 2∶1，67%的衰变产物将是带电粒子. 实验数据表明是 63% ± 3%，这个差异或者来源于实验误差，或者由 $T = 3/2$ 的极小干涉所致.

第二，虽然存在着一些关于 Σ 粒子衰变非对称性的预言，但是对目前不完备的实验数据而言，非对称性仅仅表达为一些的确为实验数据所满足的不等式.

第三，我们现在可以确定 K_2^0 按照式(13.2)与式(13.3)衰变为三个 π 介子和 K^+ 按照式(13.1)衰变为三个 π 介子的相对反应率，因为如果 $\Delta T = 1/2$，我们必须以唯一的方式达成 $T = 1$ 的终态. 其预言就是 K_2^0 到三个 π 介子的总衰变率与 K^+ 到三个 π 介子的总衰变率相等(倘若允许对每一个 π^0 介子做 9%的修正). K_2^0 衰变的初步测量结果与此预言没有分歧.

按规则我们预测 $\Xi^0 \to \Lambda + \pi^0$ 的跃迁速率仅有 $\Xi^- \to \Lambda + \pi^-$ 速率的一半，但对于 Ξ^0 粒子的衰变目前尚无可用的实验数据.

尚不清楚此规则的来源，因为如果衰变是由某个 X 耦合于($\bar{p}n$)所致，没有明显的理由解释为何 $\Delta T = 1/2$ 与 $\Delta T = 3/2$ 衰变的振幅不应该具有相同的数量级. X 中小系数的来源也是一个未解之谜.

作者猜测(未发表的资料)一个特殊的图比其余的图要重要的多，其对振幅的贡献大约是人们估算的 10 倍. 让我们举例说明这一想法，例如把 X 简单地取为 $0.1(\bar{p}\Lambda)$. 如此，在耦合 $\bar{p}\Lambda \leftrightarrow \bar{p}n$ 中可以消除 $\bar{p}$，从而直接给出变换 $n \leftrightarrow \Lambda$ 的振幅. 这一消除机制如图 14.1 所示，其中质子形成了一个闭圈. 我们设想这个闭圈未被扰动过的图对振幅的贡献远大于对它的期待，且大于所有别的图. 这个巨大的贡献补偿了 X 中的小系数 0.1，非轻衰变得以按正常的速率发生. 进一步地，由于现在有效的主导性耦合是 $n \leftrightarrow \Lambda$，一个 ΔT 的取值限制为 $\pm 1/2$ 的变换，这个限制形成了规则 5. $\Delta T = 3/2$ 的过程仅仅来自于更复杂的平常的图，对于它们小系数 0.1 未被补偿.

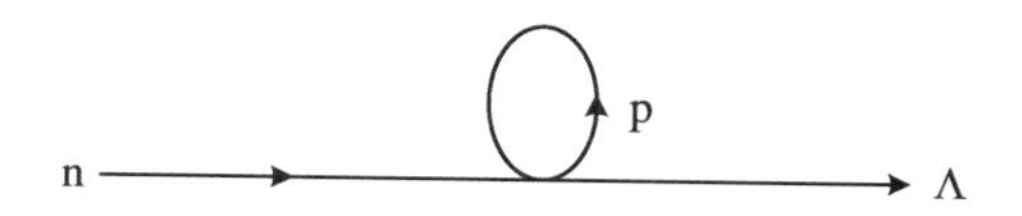

图 14.1

我们在解释两个奥秘(规则 4 和规则 5)时采取了两个临时性假设(X 的系数很小且某一个图很重要)，所以不清楚我们是否真正有所进展. 的确，如果我们使用整体性的对称性假设和一个微扰论计算让耦合 $n \leftrightarrow Y$ 等同于 $p \leftrightarrow \Sigma^+$，所有 Λ 和 Σ 的衰变细节结果都相当接近，不过这并不能证明微扰论近似计算的正当性.

小结　至此，最好是总结一下我们所面临的问题的突出特征.

按照量子场论的原理，自然界中仅仅存在着具有质量和自旋(半整数的偶数或者奇数倍)的粒子，它们之间有一个被称为耦合的关系. 这些粒子分为两组：弱相互作用粒子和强相互作用粒子. 弱相互作用粒子包括光子、引力子(每个人都忽略了)和轻子(e, μ, ν). 强相互作用粒子则是介子与重子(见表 9.1 和表 9.2).

知道了粒子和耦合，你就知道了一切. 简而言之，物理！引力(依赖于你看它的视角，它满足一切守恒定律或者都不满足)之外的耦合具有表 14.1 列出的性质.

表 14.1

耦合	相对强度	满足的守恒定律		
		同位旋	奇异数	宇称
费米	10^{-10}	否	否	否
电动力学	10^{-2}	否	是	是
强	10^{1}	是	是	是

所有耦合满足的守恒定律有两种类型：

几何定律：

角动量(转动)

能量，动量(平移)

宇称×电荷共轭

时间反演

量子数定律：

轻子数

电荷

重子数(核子荷守恒)

我们看到有 31 个粒子；所以，依据标准的场论，我们需要 31 个场描写这些粒子！然而，一个聪明的做法是我们可以尝试削减所需场的数目，因为一些粒子可能是复合粒子.最少需要多少个基本粒子？首先，我们需要一个重子.我们也需要它携带同位旋 1/2(两个态)，我们还需要一个携带奇异数的粒子.因此，例如，我们可以通过三个重子 n，p，Λ 构造出这个粒子的最小集合.但这并没有告诉我们任何关于轻子的信息.我们仍需要 ν，e，γ 甚至可能的引力子.没有人能确定该如何处理 μ 子.倘若我们也把它括入基本粒子的集合中，就必须解释至少八个场和四种耦合.

这就是迄今为止我们的探索所能达到的最远地方.很清楚，非常可观的进展是借助于对称性取得的.缺点是没有计算工作，否则会产生很多的信息.我们迫切地需要可靠的计算方法来定量地分析这些问题.

一个更深刻和令人兴奋的问题默示于这些讲座中，但却从未清楚地表述过：所有这些相互关联着的对称性、部分对称性和非对称性的意义或者范式是什么？

第 15 章

电磁和β衰变耦合的基本规律

现在考虑怎样对那些我们能够计算的过程进行定量计算.我将直接告诉你们结果,并对结果的正确性做启发性的论证.我觉得没有必要从场论出发,因为它事实上不是一个内在逻辑自洽的理论.不管怎么说,我想为新的想法留出空间.

你们在学习以这种方式呈现的物理时或许会遇到巨大的教学方面的困难.或许从历史发展的脉络学习它要更容易一些:从薛定谔方程到狄拉克方程,从简谐振子的量子化到产生、湮灭算符,最后到许多过程的跃迁振幅.与之相反,我们将直接给出得到跃迁振幅的规则——因为这些规则比产生它们的步骤简单得多.此外,我们所弃用的出发点(例如,薛定谔方程)是最终结果的近似,它仅仅在某些条件下才是有用的.归根结底,一个真正的物理解释最终所期望的是如何把薛定谔方程演绎为某些更基础定律的推论.诚然,倘若出于历史发展脉络或教学法的考虑,从薛定谔方程出发走另一条路或许更好——虽然这条路并不是真正的演绎,狄拉克矩阵等新事物必须不时添加.但这是一条漫长而艰难地攀登到物理学前沿的道路.让我们努力尝试一个学习实验,看看能否把你们推到前沿,使你们可以做两件事.首先,你们可以对未知进行前瞻,了解问题和正在取得的进展,或许也可以帮助解决其中一些问题.其次,你们可以回头看,试着看看怎么把学过的各个知识点，从牛顿定律到麦克斯韦方程组，再到薛定谔方程，都作为现在所学规则的推论．后者不会很显然，它将使得你们很难轻易接受我们现在讨论的临时性规则．但实际上，大自然就是这样行事的：她把薛定谔方程“理解”为描写许多缓慢运动的粒子之间的大量相互作用的近似方程．重要的是存在于以任意速度运动的少量粒子之间的关键相互作用，它们才是我们关注的对象．

目前，相当令人满意的、定量的量子力学描写仅限于电磁耦合与费米或者 β 衰变耦合．

我们考虑涉及少量粒子的过程，其中粒子可以发生相互作用、产生别的粒子、衰变等．对于每一个这样的过程，我们有一个振幅，振幅的模平方给出过程发生的概率．我们从不含虚粒子的案例开始，它们比我们后面将讨论的涉及虚粒子的过程要容易处理．此外，我们首先考虑自旋为零的（标量）粒子，这么做是为了避免因为同时引入自旋和相对论而使事情混乱．

标量粒子的波函数只有一个分量．在变换 $x_\mu \to x'_\mu$（转动或者洛伦兹变换）下，

$$\varphi(x, y, z, t) \to \varphi(x', y', z', t')$$

它在空间反射变换下如何变换呢？

$$x \to -x$$
$$t \to t$$

如果 $\varphi(\boldsymbol{x}, t) = \varphi(-\boldsymbol{x}, t)$，我们就说它是一个“标量”粒子；如果 $\varphi(\boldsymbol{x}, t) = -\varphi(-\boldsymbol{x}, t)$，则是一个“赝标量”粒子．当然，它也有可能不服从上述任何一个方程．

我们将采用平面波

$$u\exp(-\mathrm{i}p \cdot x)$$

表示一个自由粒子，式中，$p \cdot x \equiv p_\mu x_\mu = Et - \boldsymbol{p} \cdot \boldsymbol{x}$．这是德布罗意假设．$u$ 在坐标变换下保持不变．

接下来我们寻求概率密度的表达式．由于在某处找到粒子的概率

$$\int S_4 \mathrm{d}x\mathrm{d}y\mathrm{d}z$$

必须不变，它只能是某个 4-矢量（S_μ）的第四分量．这里 S_4 表示每立方厘米体积内发现粒子的概率（也是从过去传给未来的概率），而 S 表示每秒内穿越与 S 垂直的表面每平方厘米面积的概率．

$\varphi^* \varphi$ 是一个标量，因此它不是令人满意的 S_4 候选者．S_4 的空间积分实际上是四维时空中的面积分（见图 15.1）．推广是显然的，

$$\text{穿越表面的概率} = \int S_\mu N_\mu \mathrm{d}^3 \text{ 表面}$$

式中，N_μ 是表面的单位法矢量，$N_\mu N_\mu = -1$.

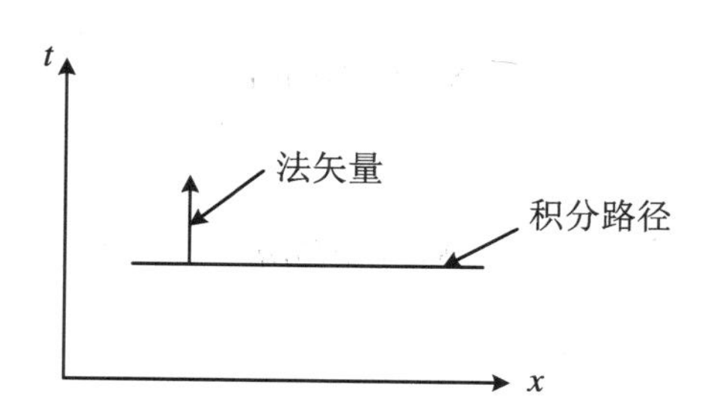

图 15.1

假设粒子处于空间中某个有限区域内(因此 u 不是平面波).处在另一洛伦兹参考系中的观测者能否在其参考系中计算概率积分并得到与我们相同的结果？记得在时空图上“运动”参考系是旋转的，我们画出如图 15.2 所示的草图.

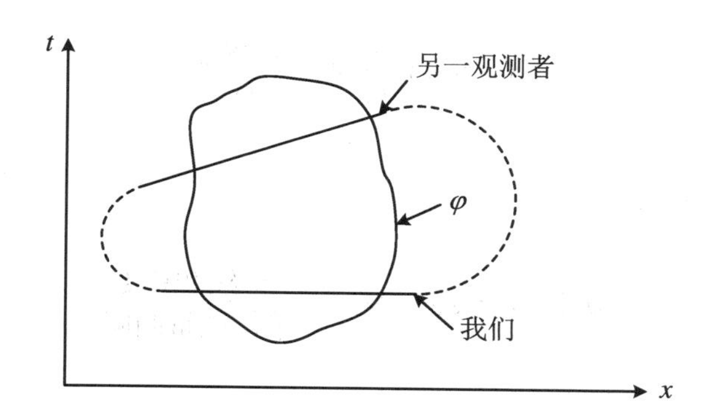

图 15.2

因为粒子(如图 15.2 所示)被局域化，S_μ 在远处为零，所以我们可以沿着图上的虚线闭合其积分路径.

两个观察者得到相同的答案，如果

$$\int S_\mu N_\mu \mathrm{d}^3 \text{ 表面} = 0$$

使用高斯定理，其成立的必要条件是

$$\partial S_\mu / \partial x_\mu = 0$$

此式表达的是概率守恒.

我们已经看到,对于一列平面波,$\bar{u}u$ 不是令人满意的概率密度.因为 p_μ 是唯一可以利用的4-矢量,有

$$S_\mu = 2p_\mu \bar{u}u$$

(因子2只是一个约定.)它意味着

$$S_4 = 2E\bar{u}u$$

这有道理吗?请注意一个运动体系的密度会显得更大,恰好与 E 变大具有相同的因子.因此,在每一个体系中保持 $\bar{u}u=1$ 就意味着相对论性的归一化是 $2E/\mathrm{cm}^3$.这是一个荒唐的归一化,但非常实用.我们将总是按这个方式进行归一化.

S_μ 更普遍的表达式如何?对于平面波,

$$S_\mu = 2\bar{\varphi}\mathrm{i}\frac{\partial}{\partial x_\mu}\varphi$$

一般情形下,我们必须采取更对称的形式:

$$S_\mu = \bar{\varphi}\mathrm{i}\frac{\partial}{\partial x_\mu}\varphi - \mathrm{i}\frac{\partial \bar{\varphi}}{\partial x_\mu}\varphi$$

既然已经定义好了一切必需之物,我们现在就来考虑如何进行计算.回忆跃迁速率(每秒的跃迁概率)的著名公式:

$$\text{概率}/\mathrm{s} = 2\pi\,|M_{fi}|^2\,\frac{\text{末态的密度}}{\text{单位能量间隔}}$$

此式的取值要求 $E_f=E_i$.

上述方程的形式对于我们的目的而言是不方便的.我将改写它,以致你可能辨认不出.首先,为了使用约定的归一化,我们必须对每一个进入过程的粒子除以 $2E$.由于我们将总是研究连续态,故我们有

$$\text{概率}/\mathrm{s} = 2\pi\frac{|M|^2}{\prod\limits_{\text{入态}}2E\prod\limits_{\text{出态}}2E}\frac{\mathrm{d}^3\boldsymbol{p}_1}{(2\pi)^3}\frac{\mathrm{d}^3\boldsymbol{p}_2}{(2\pi)^3}\cdots\frac{\mathrm{d}^3\boldsymbol{p}_{N-1}}{(2\pi)^3}\frac{1}{\mathrm{d}E}$$

请注意由于动量守恒,态密度的表达式中不含因子 $\mathrm{d}^3\boldsymbol{p}_N/(2\pi)^3$.为了使得公式对于所有粒子看上去显得对称,我们添加一个因子:

$$[\mathrm{d}^3\boldsymbol{p}_N/(2\pi)^3](2\pi)^3\delta^{(3)}\left(\sum_{\text{入态}}\boldsymbol{p}-\sum_{\text{出态}}\boldsymbol{p}\right)$$

我们也用 $\delta(\sum_{入态} E - \sum_{出态} E)$ 替换掉 $1/\mathrm{d}E$. 事实上,我们可以从如下形式的公式出发,在任意的两个态之间,有

$$概率/\mathrm{s} = 2\pi |M_{fi}|^2 \delta(E_f - E_i)$$

进一步地,回忆

$$\delta(ax) = (1/a)\delta(x)$$

$$\delta(f(x)) = [1/|f'(x_0)|]\delta(x - x_0) \quad (当\ f(x_0) = 0)$$

这些方程允许我们在跃迁速率公式中消除 $\boldsymbol{p}$ 和 E 之间的不对称性. 因为

$$\int \delta(p_4^2 - \boldsymbol{p}^2 - m^2)\mathrm{d}p_4 = 1/(2p_4)|_{p_4=(p^2+m^2)^{1/2}} = 1/(2E)$$

所以

$$\mathrm{d}^3 p_i/2E_i(2\pi)^3 \to [\mathrm{d}^3 \boldsymbol{p}_i/(2\pi)^3]\mathrm{d}\boldsymbol{p}_{4i}[\delta(p_1^2 - m^2)]$$
$$= \mathrm{d}^4 p_i/(2\pi)^4[2\pi\delta(p_i^2 - m^2)]$$

式中,$p_i = (E_i, \boldsymbol{p}_i)$.

把这些因素结合起来,我们有

$$概率/\mathrm{s} = \left[|M|^2/\prod_{入态} 2E\right](2\pi)^4 \delta^{(4)}\left(\sum_{入态} p - \sum_{出态} p\right)$$
$$\times \prod_{出态} 2\pi\delta(p_i^2 - m_i^2)[\mathrm{d}^4 p_i/(2\pi)^4]$$

因子 $\delta^{(4)}(\sum_{入态} p - \sum_{出态} p)$ 对应着整体的能量、动量守恒.

我们将总是在位形空间和动量空间之间来回切换. 我们的约定如下:

$$\varphi(x) = \int u(p)\exp(-\mathrm{i}p \cdot x)[\mathrm{d}^4 p/(2\pi)^4]$$

$$\varphi(p) = \int \exp(\mathrm{i}p \cdot x)\varphi(x)\mathrm{d}^4 x$$

按照这一约定,$\mathrm{d}p$ 总是伴随着一个因子 $1/2\pi$,而 δ 函数总是与因子 2π 相乘.

还有一句重要的话要说,这一方法极大的便利在于 M 被证明是(洛伦兹变换下)不变的,所以我们在计算 M 时可以按照便利性原则选择参考系.

例如,考虑一个粒子的分裂. 当其运动时,衰变概率按因子 M/E 变小,这当然是相对论的时间膨胀效应. 我建议你们先试着研究一下如下例子,我们稍后会对它作详细讨论. 考虑 K 介子到两个 π 介子的衰变:

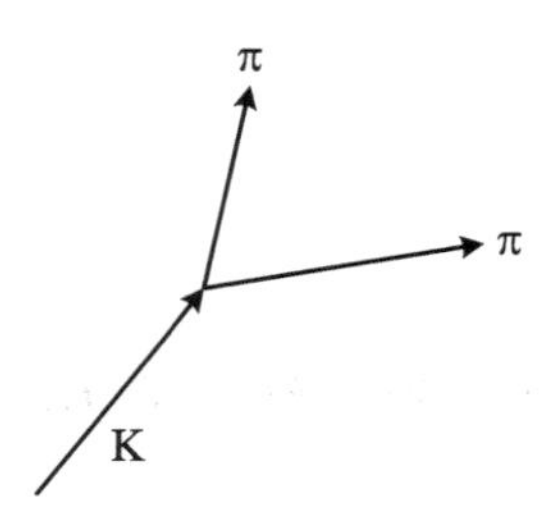

(暂时忘记电荷吧.)K 介子与 π 介子自旋均为 0,振幅分别为 u_{K} 和 u_{π}. 假设过程的振幅是

$$M = (4\pi)^{1/2} f M_{\mathrm{K}} u_{\mathrm{K}} u_{\pi}^{*} u_{\pi}^{*}$$

因子$(4\pi)^{\frac{1}{2}}$是(有理单位制中的)习惯,f 度量着相互作用的强度,而表达式中 M_{K} 的插入使得 f 无量纲. 振幅 u 的出现只是为了提醒我们这个过程(u^{*} 表示产生的粒子,u 表示湮灭的粒子),它们的取值在计算中被设置为 1. 请确定能给出 K 介子寿命实验结果的 f 的值.

第 16 章

末态的密度

对于入射态，我们一般只需要考虑两种情形：(1) 单个粒子的衰变(单位时间的跃迁概率 = 寿命的倒数)；(2) 两个粒子的碰撞(单位时间的跃迁概率 = σv，σ 是截面，v 是相对速度).

我们将每秒的跃迁概率写为

$$\text{跃迁概率}/\mathrm{s} = 2\pi\Big(|M|^2 / \prod_{\text{入态}} 2E \prod_{\text{出态}} 2E\Big) D$$

这里

$$D = (1/2\pi) \prod_{\text{出态}} 2E (2\pi)^4 \delta^4\Big(\sum_{\text{入态}} p - \sum_{\text{出态}} p\Big) \prod_{\text{出态}} 2\pi\delta(p^2 - m^2)[\mathrm{d}^4 p/(2\pi)^4]$$

是单位区间的态密度. 这里给出其他关于 D 有用的表达式：

(1) 两个出射粒子：

$$D = \frac{E_1 E_2}{(2\pi)^3} \frac{p_1^3 \mathrm{d}\Omega_1}{E_T p_1^2 - E_1(\boldsymbol{p}_T \cdot \boldsymbol{p}_1)}$$

$$E_T = E_1 + E_2$$

$$\boldsymbol{p}_T = \boldsymbol{p}_1 + \boldsymbol{p}_2$$

$$E_1 = (p_1^2 + m_1^2)^{1/2}$$

当 $m_2 \to \infty$ 时，$D = [E_1 p_1/(2\pi)^3]\mathrm{d}\Omega_1$. 在质心系中

$$D = [1/(2\pi)^3][E_1 E_2/(E_1 + E_2)]p_1 \mathrm{d}\Omega_1$$

(2) 三个出射粒子：

$$D = \frac{E_2 E_3}{(2\pi)^6} \frac{p_2^3 p_1^2 \mathrm{d}p_1 \mathrm{d}\Omega_1 \mathrm{d}\Omega_2}{p_2^2(E_T - E_1) - E_2 \boldsymbol{p}_2 \cdot (\boldsymbol{p}_T - \boldsymbol{p}_1)}$$

$$E_T = E_1 + E_2 + E_3$$

$$\boldsymbol{p}_T = \boldsymbol{p}_1 + \boldsymbol{p}_2 + \boldsymbol{p}_3$$

当 $m_3 \to \infty$ 时，有

$$D = [1/(2\pi)^6]E_2 p_2 p_1^2 \mathrm{d}p_1 \mathrm{d}\Omega_1 \mathrm{d}\Omega_2$$

现在考虑在上一章中我建议的 K 介子衰变到 2π 的过程. 为了说明将要使用的技术，我假设了 $\mathrm{K} \to \pi\pi$ 的一个直接耦合；我们并不相信这真的是自然界的一个基本耦合. 关于单位，我们已经选取 $\hbar = c = 1$. 那么

$$m = \text{质量} = \text{能量} = 1/\text{长度} = 1/\text{时间}$$
$$= m = mc^2 = 1/[\hbar/(mc)] = 1/[\hbar/(mc^2)]$$

对于电子，有

$$m_\mathrm{e} = 9.1 \times 10^{-28}\ \mathrm{g} = 0.511\ \mathrm{MeV} = 1/3.86 \times 10^{-11}\ \mathrm{cm}$$
$$= 1/1.288 \times 10^{-21}\ \mathrm{s}$$

应该记住这些数字. 对于质子，所有的量要乘以 1 836. 类似地，对于质量为 m 的其他粒子，应乘以 m/m_e.

在计算的最后，m 是什么单位总是清楚的. 我们还可以检查量纲，例如，寿命一定正比于 $1/m$. 追踪 $\hbar$ 和 c 完全是浪费时间.

第一次我们将用笨方法来做这个计算，我们有

$$M = (4\pi)^{1/2} f M_\mathrm{K} u_{\pi_1}^* u_{\pi_2}^* u_\mathrm{K}, \quad m_1 = m_2 = m_\pi$$

$$\text{概率}/\mathrm{s} = 1/\tau$$
$$= [4\pi f^2 M_\mathrm{K}^2/(2M_\mathrm{K})](2\pi)^4 \delta^4(p_\mathrm{K} - p_1 - p_2) 2\pi\delta(p_1^2 - m_\pi^2) \times$$
$$[\mathrm{d}^4 p_1/(2\pi)^4](2\pi)\delta(p_2^2 - m_\pi^2)[\mathrm{d}^4 p_2/(2\pi)^4]$$

取 $p_2 = p_\mathrm{K} - p_1$，可以消掉 $(2\pi)^4 \delta^4(p_\mathrm{K} - p_1 - p_2)$ 和 $\mathrm{d}^4 p_2/(2\pi)^4$ 这两个因子. 令 p_1

$=(E,\boldsymbol{p}_-)$ 和 $p_K=(m_K,0)$(K 在静止系中),那么有

$$(p_K - p_1)^2 = p_K^2 - 2p_K p_1 + p_1^2 = M_K^2 - 2M_K E + m_\pi^2$$

和

$$\begin{aligned}\text{衰变率} &= 1/\tau \\ &= (2\pi)f^2 M_K(2\pi)\delta(E^2 - p^2 - m_\pi^2)2\pi\delta(M_K^2 - 2M_K E)\times \\ &\quad [p^2\mathrm{d}p\mathrm{d}\Omega\mathrm{d}E/(2\pi)^4]\end{aligned}$$

此外

$$\int 2\pi\delta(M_K^2 - 2M_K E)\mathrm{d}E = 2\pi/2M_K,\quad E = M_K/2$$

$$\int 2\pi\delta[(M_K^2/4) - p^2 - m_\pi^2]p^2\mathrm{d}p = (2\pi/2)p,\quad p = [(M_K^2/4) - m_\pi^2]^{1/2}$$

$$\mathrm{d}\Omega = 4\pi$$

这样

$$\begin{aligned}1/\tau &= 2\pi f^2 M_K\pi[(M_K^2/4) - m_\pi^2]^{1/2}(\pi/M_K)[4\pi/(2\pi)^4] \\ &= (f^2/4)M_K[1 - (2m_\pi/M_K)^2]^{1/2}\end{aligned}$$

物理学的最终目的是得到一个数字,且带有小数点,等等!否则的话,你就是没有做任何事.因此,我们可以求出

$$1/\tau = f^2[(966\times 0.84)/4\times(1\,288\times 10^{-21})\ \mathrm{s}]$$

实验中 K 介子的寿命为 0.99×10^{-10} s,且只有 78%可以衰变到 2π.因此

$$1/\tau_{\exp} = 0.78/0.99\times 10^{-10}\ \mathrm{s}$$

并且

$$f = 2.38\times 10^{-7}$$

这是一个很小的无量纲常数,因此我们面对的是一个弱耦合.我想让你们记住,这只是我们构造的一个例子;我们不认为这个衰变的真正机制是这种基本的耦合,而是认为衰变的发生是由于一些其他耦合的间接效应.不管怎样,让我们继续向前.

问题 16.1 K 介子也可以衰变到 3π.假设耦合为

$$(4\pi)^{1/2} g u_{\pi_1} u_{\pi_2} u_{\pi_3} u_K$$

由此给出谱分布,并通过与实验结果对比来确定 g.

现在来考虑更难一点的问题,即 π-K 散射.忘记 K 和 π 介子的电荷,这个过程可能发

生的一个途径如图 16.1 所示.这是一个包含虚 π 介子的间接过程.我将告诉你们得到这类过程振幅的规则(之后我们会使其更加合理).

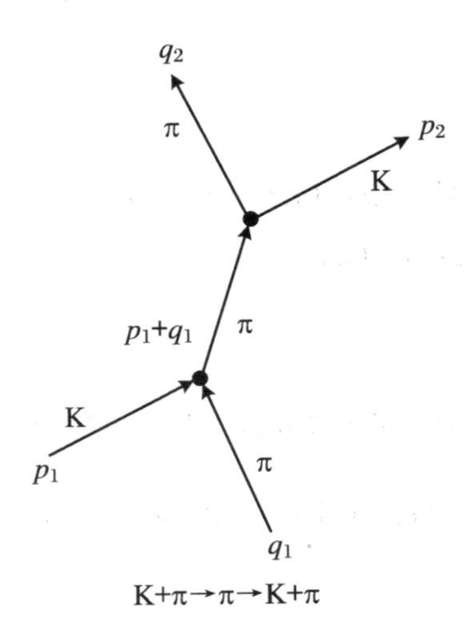

图 16.1

沿着粒子线来写(从右到左):

(1) 对每一个顶角,其振幅为$(4\pi)^{1/2}fM_{\mathrm{K}}$.

(2) 对两个顶角之间的 π 传播子,其振幅为 $1/(p^2-m_\pi^2)$.这里 p 是 4-动量,m_π 是 π 介子的质量.[①]

(3) 对每一个顶角,其能量、动量必须守恒.

这些振幅的乘积就给出过程的振幅 M.

由图 16.1,我们得到

$$(4\pi)^{1/2}fM_{\mathrm{K}}\{1/[(p_1+q_1)^2-m_\pi^2]\}(4\pi)^{1/2}fM_{\mathrm{K}}$$

但是同样的跃迁还可以通过另一个方式发生,如图 16.2 所示.这个图在拓扑上不同于图 16.1(不能通过在时空中重排这些顶角得到第一个图).

这个过程的振幅是

$$(4\pi)^{1/2}fM_{\mathrm{K}}\{1/[(p_1-q_2)^2-m_\pi^2]\}(4\pi)^{1/2}fM_{\mathrm{K}}$$

然后将这两个振幅相加就可以得到跃迁的总振幅 M:

① 译者注:原文此处有一句“This is the equation of motion:”,好像句子没有写完.可能是要说传播子来源于运动方程的逆.

$$M = 4\pi f^2 M_K^2(\{1/[(p_1 + q_1)^2 - m_\pi^2]\} + \{1/[(p_1 - q_2)^2 - m_\pi^2]\})$$

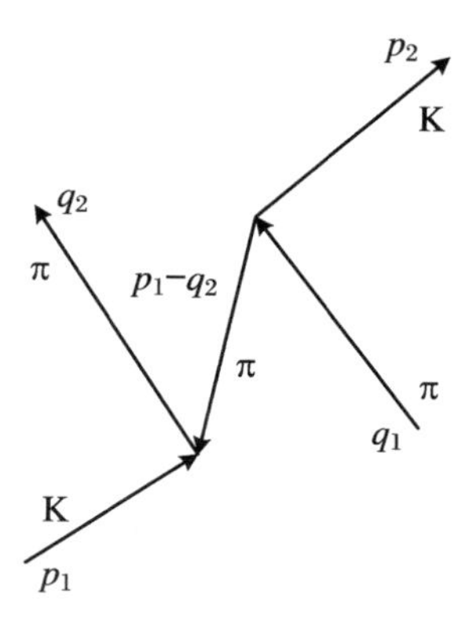

图 16.2

第 17 章

标量粒子的传播子

我将尝试把传播子的规则和你们已知的东西联系起来，尽量使其更自然一些. 下面以π-K 散射为例(图 17.1).

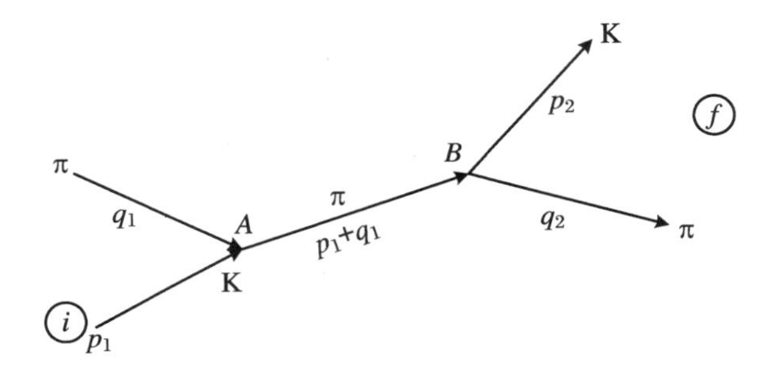

图 17.1

我们一直说振幅具有的形式为

$$M = B_{fp}[1/(p^2 - m^2)]A_{pi}$$

现在考虑它在通常微扰论中的最低阶项：

$$\sum_n H_{fn}[1/(E_i - E_n)]H_{ni}$$

求和是对中间态 n 取的. 图 17.1 的贡献是

$$B_{fp}[1/(E_i - E_p)]A_{pi}$$

这里

$$E_p = (\boldsymbol{p}^2 + m^2)^{1/2}, \quad \boldsymbol{p} = \boldsymbol{p}_1 + \boldsymbol{q}_1$$

但是我们必须记住,在通常的微扰论中相反时序的过程要单独考虑,如同对产生伴随着正电子与入射电子湮灭的过程. 这样中间态的能量是 $2E_i + E_p$(图 17.2). 回忆我们之前关于入态和出态的规则,发现 $f(i)$是入(出)态. 因此我们得到

$$A_{pi}\{1/[E_1 - (2E_1 + E_p)]\}B_{fp} = - B_{fp}[1/(E_i + E_p)]A_{pi}$$

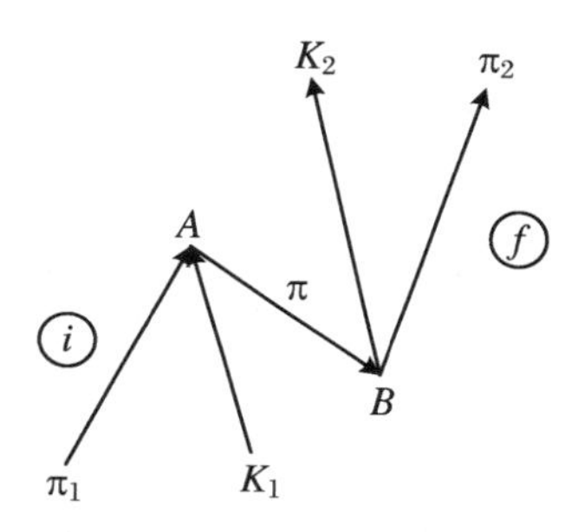

图 17.2

这两个矩阵元的和为

$$2E_pB_{fp}[1/(E_1^2 - E_p^2)]A_{pi}$$

此时有

$$\begin{aligned} p^2 - m^2 &= (p_1 + q_1)^2 - m^2 \\ &= (\varepsilon_1 + K_1)^2 - \boldsymbol{p}^2 - m^2 \\ &= E_i^2 - E_p^2 \end{aligned}$$

因子 $2E_p$ 只是归一化常数. 这样,时间反转的思想就简化了结果. 上面的每一项(分别考虑)都不是不变的,将它们联合起来我们得到了明显不变的表达式. 这一论证并不是刻意去证明我们的传播子规则,但确实展示了其中的物理内涵.

还可以通过其他方法得到我们的传播子规则. 自由粒子的一个特解是

$$u\exp(-\mathrm{i}p\cdot x),\quad p^2=m^2$$

通过求和

$$\varphi(x,t)=\sum_p u(p)\exp(-\mathrm{i}p\cdot x)$$

我们能构造任何自由粒子解.注意到

$$\sum_p(p^2-m^2)u(p)\exp(-\mathrm{i}p\cdot x)=0$$

这和

$$\sum\{[\mathrm{i}(\partial/\partial t)]^2-(-\mathrm{i}\nabla)^2-m^2\}u(p)\exp(-\mathrm{i}p\cdot x)$$

$$[(\mathrm{i}\nabla_\mu)^2-m^2]\varphi=0$$

或

$$(\Box^2-m^2)\varphi=0$$

相同,这里

$$\Box^2\equiv\nabla^2-(\partial^2/\partial t^2)$$

对这些粒子,设想存在一个源 $S(\boldsymbol{x},t)$,那么我们可以假设

$$(\Box^2-m^2)\varphi(\boldsymbol{x},t)=S(\boldsymbol{x},t)$$

引入傅里叶变换

$$S(\boldsymbol{x},t)=\int\exp(-\mathrm{i}p\cdot x)S(p)[\mathrm{d}^4p/(2\pi)^4]$$

$$\varphi(\boldsymbol{x},t)=\int\exp(-\mathrm{i}p\cdot x)\varphi(p)[\mathrm{d}^4p/(2\pi)^4]$$

来求解这个方程.(注意到 $p_4\neq(\boldsymbol{p}^2+m^2)^{1/2}$,因为我们讨论的不再是自由粒子.)

变换后的方程为

$$(p^2-m^2)\varphi(p)=S(p)$$

如果知道这个源,那么

$$\varphi(p)=[1/(p^2-m^2)]S(p)$$

给出了传播子的来源.解出 $\varphi(\boldsymbol{x},t)$:

$$\varphi(\boldsymbol{x},t)=\int\exp(-\mathrm{i}p\cdot x)[1/(p^2-m^2)]\int\exp(\mathrm{i}p\cdot x')S(x')\mathrm{d}^4x'[\mathrm{d}^4p/(2\pi)^4]$$

或

$$\varphi(x) = \int D_+(x-x')S(x')\mathrm{d}^4x'$$

这里

$$D_+(x-x') = \int \exp[(-\mathrm{i}p)\cdot(x-x')]/(p^2-m^2)[\mathrm{d}^4p/(2\pi)^4]$$

是时空中的传播子.

我们发现,为了使 D_+ 有意义,必须要定义被积函数中的极点.为了做到这一点,我们给上式中的质量(不变量)加上一个无穷小的负虚部且首先积掉 $\mathrm{d}\omega=\mathrm{d}p_4$:

$$\int \frac{\exp[\mathrm{i}\boldsymbol{p}\cdot(\boldsymbol{x}-\boldsymbol{x}')]\exp[-\mathrm{i}\omega(t-t')]}{\omega^2-\boldsymbol{p}^2-m^2+\mathrm{i}\epsilon}\frac{\mathrm{d}\omega}{2\pi}\frac{\mathrm{d}^3p}{(2\pi)^3}$$

这里默认后面要取$\epsilon\to0$ 的极限.

这个处理将极点 $\omega=\pm E_p=\pm(\boldsymbol{p}^2+m^2)^{1/2}$ 移动到 $\omega=\pm E_p\mp\mathrm{i}\epsilon$,从而等价于图 17.3 中的回路.当 $t>t'$ 时,我们在下半平面完成回路.因此

$$\begin{aligned}D_+(t>t') &= \int[-2\pi\mathrm{i}\mathrm{Res}(E_p)][\mathrm{d}^3p/(2\pi)^3]\\ &= -\mathrm{i}\int\exp[(-\mathrm{i}E_p)(t-t')]/(2E_p)\exp[\mathrm{i}\boldsymbol{p}\cdot(\boldsymbol{x}-\boldsymbol{x}')][\mathrm{d}^3p/(2\pi)^3]\end{aligned}$$

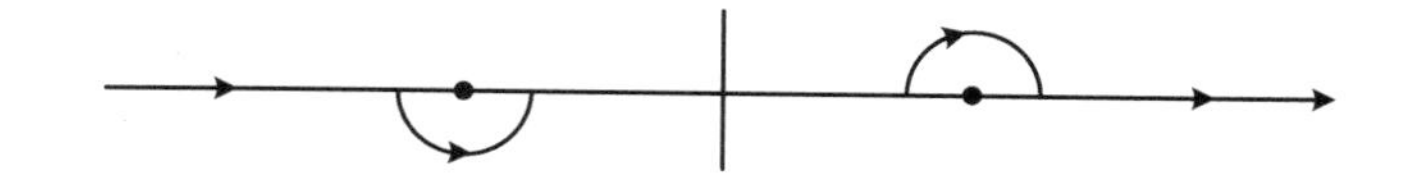

图 17.3

注意到当 $t>t'$ 时,只有正能量贡献.当 $t<t'$ 时,必须在上半平面闭合回路.我们得到

$$D_+(t<t') = -\mathrm{i}\int\exp[\mathrm{i}E_p(t-t')]/(2E_p)\exp[(\mathrm{i}\boldsymbol{p}\cdot(\boldsymbol{x}-\boldsymbol{x}')][\mathrm{d}^3p/(2\pi)^3]$$

这表明 $t<t'$ 时只有负能量贡献.这样就知道了 $m\to m-\mathrm{i}\epsilon$ 规则是如何概括我们的时间向后与向前的处理方法的.

最后,零自旋粒子传播子的正确公式为

$$1/(p^2-m^2+\mathrm{i}\epsilon)$$

第 18 章

位形空间中的传播子

我们已经看到在 π-K 散射的例子中，在通常的二阶微扰论中，不同部分各自对振幅的贡献不是相对论不变的，但是它们的和是不变的. 两个洛伦兹参考系 A 和 B 通过时空转动相联系. 例如，在图 18.1 中相继发生的两个相互作用的时间顺序在 A 和 B 中可能不同. 此情形当第二个顶点不在第一个顶点的光锥内时发生（否则，时间顺序不能被洛伦兹变换所改变）.

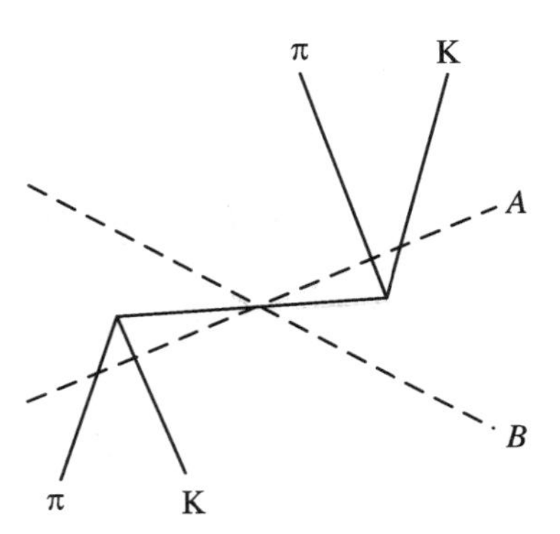

图 18.1

你可能会想如果两个事件间隔是类空的而不是类时的，那么振幅应该是 0. 但事实并非如此，所有的位置都有贡献.

为了看出这是有意义的，我们考察在位形空间的传播子：

$$D_+(x)=\int\frac{\exp(-\mathrm{i}p\cdot x)}{p^2-m^2+\mathrm{i}\epsilon}\left[\frac{\mathrm{d}^4p}{(2\pi)^4}\right]$$

D_+ 关于光锥的行为是怎样的？在位形空间传播子比在动量空间中要复杂得多. 明确表示出来，有

$$D_+(x)=-(1/4\pi)\delta(s^2)+(m/8\pi s)H_1^{(2)}(ms)$$

其中

$$s=\begin{cases}(t^2-x^2)^{1/2}, & t^2>x^2\\ -\mathrm{i}(x^2-t^2)^{1/2}, & t^2<x^2\end{cases}$$

$H^{(2)}$ 是第二类 Hankel 函数(见参考文献[9]). 对于大的 s，有

$$D_+\approx(2/\pi s)^{1/2}\exp(-\mathrm{i}ms)$$

注意低速时利用 $s\cong t-x^2/2t$，有

$$D_+\propto\exp(-\mathrm{i}mt)\exp[\mathrm{i}(mx^2/2t)]/t^{3/2}=\exp(-\mathrm{i}mt)\psi_S$$

其中 ψ_S 是薛定谔方程的解. 在光锥外 $x^2>t^2$，D_+ 呈指数衰减：

$$D_+\propto\exp(-m\sigma),\quad \sigma=(x^2-t^2)^{1/2}$$
$$\to\exp(-mr),\quad t^2\ll x^2$$

作为一个物理说明，假设我们可以测量电子的位置，例如，可以用快门. 同一时刻在不同位置上我们做一个测量来看是否能在那儿发现一个电子(图 18.2). 这个概率不是零，因为在测

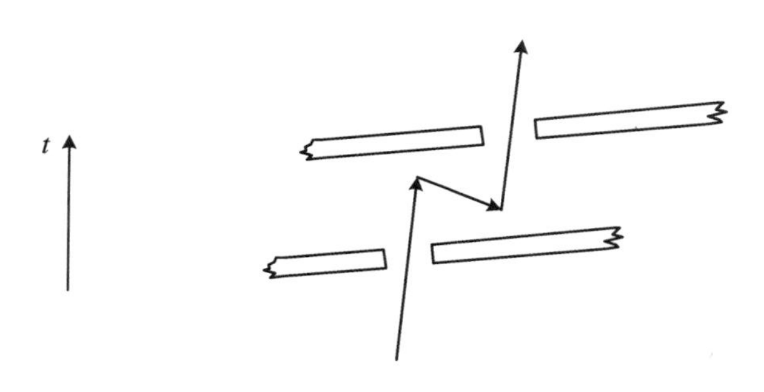

图 18.2

量过程中可以产生一个正负电子对，之后正电子与原来的电子湮灭掉.泡利在他以为这个想法是错误的之后发明了这个假想的实验.

现在考虑一个高速运动的粒子，见图 18.3.

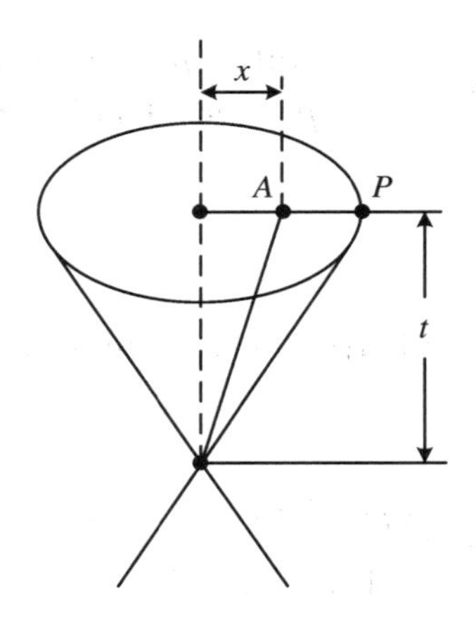

图 18.3

考虑在我们沿着 AP 穿过光锥时振幅的行为(图 18.4).现在，在 A 点(做为例子)的波长是否与经典速度 x/t 相对应？让我们来考察位相：

$$\exp[-\mathrm{i}m(t^2-x^2)^{1/2}]$$

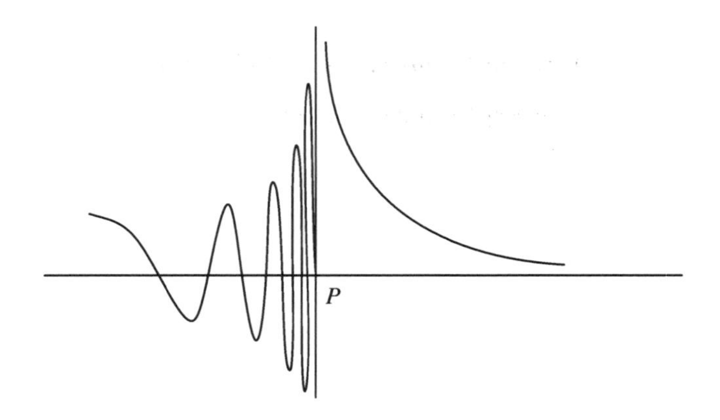

图 18.4

当 x 改变 λ，位相一定改变 2π：

$$m[t^2-(x+\lambda)^2]^{1/2}-m(t^2-x^2)^{1/2}=2\pi$$

或

$$m\lambda(\partial/\partial x)(t^2 - x^2)^{1/2} = 2\pi$$

因此，有

$$2\pi/\lambda = K = m(x/t)/[1-(x/t)^2]^{1/2} = mv_{经典}/(1-v_{经典}^2)^{1/2}$$

注意到 $x \to t(v \to c)$ 时，我们趋向于光锥上的 δ 奇异性. 一个可能的物理原因是所有的动量都有贡献，但是对于大部分动量 v 接近于 c，所以在光锥附近的振幅有很多的累加.

我们已经写下了自旋-0 的玻色场的运动方程

$$(\Box^2 - m^2)\varphi = S$$

现在我们必须考虑 S 是什么，即是什么可以产生粒子 φ? 我们再次考虑具有如下耦合的 π-K 的例子：

$$(4\pi)^{1/2} f \varphi_\pi \varphi_\pi \varphi_K$$

设 $f' = (4\pi)^{1/2} f$，φ_π 和 φ_K 的方程是

$$(\Box^2 - m^2)\varphi_\pi = 2f'\varphi_\pi\varphi_K$$

$$(\Box^2 - m^2)\varphi_K = f'\varphi_\pi^2$$

可以从最小作用量原理得到这些结果. 考虑作用量

$$S = (1/2)\int[(\nabla_\mu\varphi_\mu)^2 - m_\pi^2\varphi_\pi^2]\mathrm{d}^4\tau$$

$$\mathrm{d}^4\tau \equiv \mathrm{d}x\mathrm{d}y\mathrm{d}z\mathrm{d}t$$

对 φ_π 做变分，分部积分(忽略掉表面项)，并设 $\delta S = 0$，给出方程

$$-\nabla_\mu^2\varphi_\pi - m^2\varphi_\pi = 0$$

这就是自由 π 介子的方程.

对于 π-K 的例子，我们加上一个自由 K 介子的类似的项和一个相互作用项：

$$S = \int\{(1/2)[(\nabla_\mu\varphi_\pi)^2 - m_\pi^2\varphi_\pi^2] + (1/2)[(\nabla_\mu\varphi_K)^2 - m_K^2\varphi_K^2] + f'\varphi_\pi^2\varphi_K\}\mathrm{d}\tau_4$$

对 φ_π，φ_K 做变分得到上面给出的运动方程.(这里我们默认假设是实标量场表示的中性粒子——推广也是很容易的.)

更一般地,我们有

$$S = \int \mathcal{L} \mathrm{d}^4 \tau$$

拉氏密度$\mathcal{L}$必须是相对论不变的.这个要求极大地限制了允许的拉氏密度的数目.注意,其与通常的经典形式的关系是

$$S = \int L \mathrm{d} t$$

其中

$$L = \int \mathcal{L} \mathrm{d}^3 x$$

我们认为作用量是更基本的量.由此我们可以马上读出传播子、耦合的规则和运动方程.但是我们仍然不知道那些图中规则的原因,或者为什么我们可以从 S 中得到传播子.

第 19 章

自旋 1 的粒子

一般来说，我们希望找到在洛伦兹变换下线性变换的振幅，

$$u' = \mathcal{D}(L)u \qquad (L = \text{洛伦兹变换})$$

其中

$$\mathcal{D}(L_1L_2) = \mathcal{D}(L_1)\mathcal{D}(L_2)$$

一个可能的解是标量. 我们可以很容易地找到另一个解;4-矢量是线性变换的——所以 4-矢量当然是一个可能的解. 我们注意到对于转动是一样的——一个 3-矢量表示角动量为 1 是允许的. 这样，一个粒子可以用一个 4-矢量的振幅表示. 我们期望它具有的自旋为 1. 但是，有一件麻烦的事情:在转动下，空间分量像一个矢量一样变换，但是时间分量的变换像一个标量. 所以，看上去我们表示了两个粒子. 我们可以用如下要求绕过这个问题:

$$p_\mu u_\mu = 0$$

那么在粒子的静止系下($\boldsymbol{p} = 0$)

$$mu_4 = 0 \quad 或 \quad u_4 = 0$$

光子 光子是唯一的自旋为1的基本粒子.它具有零质量.如果我们知道了光子传播子及光子与其他粒子的耦合,就知道了所有的电动力学.一个对形式化这些规律非常有用的指导原则是要求在经典极限条件下将理论对应到麦克斯韦的方程组.

发现光子的振幅在量子电动力学中用4-矢量的势$A_\mu(x,y,z,t)$表示,在没有外源的情况下满足方程组

$$\Box^2 A_\mu = 0 \tag{19.1}$$

$$\nabla_\mu A_\mu = 0 \tag{19.2}$$

一个自由的光子用一个平面波表示为

$$\varepsilon_\mu \exp(\mathrm{i}Kx)$$

其中,ε_μ 称为极化矢量.代入式(19.1),我们发现 $K^2=0$ 或 $m=0$,并由式(19.2)得到 $K_\mu\varepsilon_\mu=0$;极化垂直于 K_μ.

此理论也必须是规范不变的.如果某人用 A_μ 解了一个问题,另外一个人用 $A'_\mu=A_\mu+\nabla_\mu X$,其中$\Box^2 X=0$,则两人应该得到同样的物理结果.对于平面波来说,这告诉我们:令 $A_\mu=\varepsilon_\mu\exp(-\mathrm{i}Kx)$表示一个动量为 K 且极化矢量为ε_μ 的光子,且

$$X = \mathrm{i}\alpha\exp(-\mathrm{i}Kx), \quad \alpha = 常数$$

那么

$$A'_\mu = \varepsilon'_\mu \exp(-\mathrm{i}Kx), \quad \varepsilon'_\mu = \varepsilon_\mu + \alpha K_\mu$$

因此,如果两个极化矢量仅仅相差4-动量的倍数的话,那么它们一定表示同样的光子.用适当的规范变换,我们总是可以选择 $\varepsilon_4=0$.若 $\varepsilon_4\neq0$,令

$$\alpha = -\varepsilon_4/K_4$$

那么

$$\varepsilon'_4 = \varepsilon_4 - (\varepsilon_4/K_4)K_4 = 0$$

且

$$K_\mu\varepsilon'_\mu = \boldsymbol{K}\cdot\boldsymbol{\varepsilon}' = 0$$

因此,一个自由光子仅表示两个极化的态.我们可以选择与动量垂直的任意两个方向或者分解出左旋和右旋的极化(见第2章).右旋RHC(左旋LHC)对应于沿着(逆着)光子动量方向的自旋1.这可以由如下方程看出:

$$u_{\mathrm{RHC}} = \frac{1}{\sqrt{2}}(\boldsymbol{\varepsilon}_x + \mathrm{i}\boldsymbol{\varepsilon}_y)$$

其中，$\boldsymbol{\varepsilon}_x$ 和 $\boldsymbol{\varepsilon}_y$ 是两个与传播方向正交的单位矢量.绕 z 轴转动 θ 角得

$$u'_{\mathrm{RHC}} = \frac{1}{\sqrt{2}}(\boldsymbol{\varepsilon}'_x + \mathrm{i}\boldsymbol{\varepsilon}'_y)$$

其中

$$\boldsymbol{\varepsilon}'_x = \boldsymbol{\varepsilon}_x\cos\theta - \boldsymbol{\varepsilon}_y\sin\theta$$

$$\boldsymbol{\varepsilon}'_y = \boldsymbol{\varepsilon}_x\sin\theta + \boldsymbol{\varepsilon}_y\cos\theta$$

代入 u'_{RHC}，我们得到 $u'_{\mathrm{RHC}} = \exp(\mathrm{i}\theta)u_{\mathrm{RHC}}$.同理，有

$$u'_{\mathrm{LHC}} = \exp(-\mathrm{i}\theta)u_{\mathrm{LHC}}$$

$$u_{\mathrm{LHC}} = \frac{1}{\sqrt{2}}(\boldsymbol{\varepsilon}_x - \mathrm{i}\boldsymbol{\varepsilon}_y)$$

回想一下，这个转动矩阵是 $\exp(\mathrm{i}\theta J_z)$.因此，我们有

$$J_z u_{\mathrm{RHC}} = u_{\mathrm{RHC}}$$

$$J_z u_{\mathrm{LHC}} = - u_{\mathrm{LHC}} \quad \text{Q.E.D.（证明完毕）}$$

现在继续寻找光子的传播子和耦合的规律.

电磁最小耦合原理 有一个非常有趣的原理，利用这个原理，只要已知（自由）带电粒子的运动方程，我们就可以得到光子与此带电粒子的耦合.以一个自由的标量粒子的方程为例：

$$(\mathrm{i}\nabla_\mu \mathrm{i}\nabla_\mu - m^2)\varphi = 0$$

那么这个规则就是替换 $\mathrm{i}\nabla_\mu$ 为 $\mathrm{i}\nabla_\mu - eA_\mu$.这给出了一个包含电磁场效应的方程

$$[(\mathrm{i}\nabla_\mu - eA_\mu)(\mathrm{i}\nabla_\mu - eA_\mu) - m^2]\varphi = 0$$

需要注意的是，这个原理保持了方程的规范不变性，这一点很重要.令

$$\varphi = \exp(\mathrm{i}eX)\varphi'$$

那么 φ' 满足 φ 所满足的相同方程，只不过要将 A_μ 替换为 $A_\mu + \nabla_\mu X$.但是 φ 和 φ' 仅仅相差一个相位因子（但是，此相位因子是时空依赖的），因此它们表示同样的物理态.

我们可以用如下方式写下 φ 的方程：

$$(\mathrm{i}\nabla_\mu \mathrm{i}\nabla_\mu - m^2)\varphi = e[\mathrm{i}\nabla_\mu(A_\mu\varphi) + A_\mu(\mathrm{i}\nabla_\mu\varphi)] - e^2 A_\mu A_\mu \varphi$$

方程右边是标量场的源.我们可以得到基本过程的振幅的如下规则:一个动量为 $p_1[\varphi_1 = \exp(-\mathrm{i}p_1 x)]$的粒子发射一个动量为 q、极化为 $\varepsilon[A_\mu = \varepsilon_\mu \exp(\mathrm{i}qx)]$的光子,继续具有动量 $p_2[\varphi_2 = \exp(\mathrm{i}p_2 x)]$的振幅正比于

$$\begin{aligned}
&e\int \varphi_2^* [\mathrm{i}\nabla_\mu(A_\mu\varphi_1) + A_\mu(\mathrm{i}\nabla_\mu\varphi_1)]\mathrm{d}^4 x \\
&\quad = e\int \exp(\mathrm{i}p_2 x)\{\mathrm{i}\nabla_\mu[\varepsilon_\mu \exp(\mathrm{i}qx)\exp(-\mathrm{i}p_1 x)] + \varepsilon_\mu \exp(\mathrm{i}qx)\mathrm{i}\nabla_\mu \exp(-\mathrm{i}p_1 x)\}\mathrm{d}^4 x \\
&\quad = e(p_1 - q + p_1)\cdot\varepsilon\int \exp[\mathrm{i}(p_2 + q - p_1)x]\mathrm{d}^4 x
\end{aligned}$$

最后的因子表示在顶点处能量、动量守恒:$p_2 + q = p_1$.如果光子是被吸收的,则替换 q 为 $-q$.

任何一种情形下,振幅由下式给出:

$$\text{振幅} = -\mathrm{i}(4\pi)^{1/2} e(p_2 + p_1)\cdot\varepsilon$$

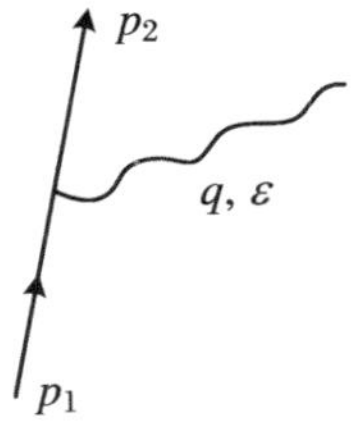

因子$(4\pi)^{1/2}$的引入是使得当以 $\hbar = c = 1$ 为单位时,e 是无理数的耦合常数,$e^2 = 1/137$.因子 $-\mathrm{i}$ 很重要,当包含不可区分的耦合常数高阶的过程时,它可以保证正确的相位关系,否则可以省略.

e 的二次项给出了同时发射(吸收)两个光子的振幅.此振幅正比于

$$\begin{aligned}
&e^2\int \varphi_2^* A_\mu A_\mu \varphi_1 \mathrm{d}^4 x \\
&\quad = e^2\int \exp(\mathrm{i}p_2 x)[\varepsilon_\mu^a \exp(\mathrm{i}q_a x)\varepsilon_\mu^b \exp(\mathrm{i}q_b x) + \varepsilon_\mu^b \exp(\mathrm{i}q_b x)\varepsilon_\mu^a \exp(\mathrm{i}q_a x)] \times \\
&\quad\quad \exp(-\mathrm{i}p_1 x)\mathrm{d}^4 x \\
&\quad = e^2(\varepsilon_a\cdot\varepsilon_b + \varepsilon_b\cdot\varepsilon_a)\int \exp[\mathrm{i}(p_2 + q_a + q_b - p_1)x]\mathrm{d}^4 x
\end{aligned}$$

因子 $\varepsilon_a\cdot\varepsilon_b$ 出现了两次,因为这两个 A_μ 的任一个都可以发射光子 a 或光子 b.最后的因子仍然表示 4-动量守恒:$p_2 + q_a + q_b = p_1$.此振幅现在可以表示为

振幅 $= -4\pi e^2(\varepsilon_a \cdot \varepsilon_b + \varepsilon_b \cdot \varepsilon_a)$

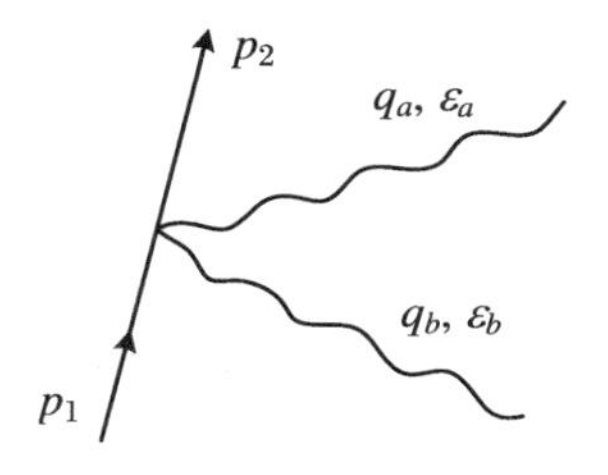

让我们再次强调,振幅的规则和经典运动方程的联系仅仅是启发性的.很显然不可能由麦克斯韦方程组"推导"出量子电动力学,它们只能作为一个指导.

或者我们可以从自由标量场 φ 的拉氏密度出发

$$\mathcal{L}_F = -(\mathrm{i}\nabla_\mu\varphi)^*(\mathrm{i}\nabla_\mu\varphi) + m^2\varphi^*\varphi$$

做替换 $\mathrm{i}\nabla_\mu \to \mathrm{i}\nabla_\mu - eA_\mu$,我们得到

$$\mathcal{L} = -(-\mathrm{i}\nabla_\mu - eA_\mu)\varphi^*(\mathrm{i}\nabla_\mu - eA_\mu)\varphi + m^2\varphi^*\varphi$$

展开后可以写为

$$\mathcal{L} = \mathcal{L}_F + \mathcal{L}_c$$

其中

$$\mathcal{L}_c = eA_\mu[(\mathrm{i}\nabla_\mu\varphi)^*\varphi + \varphi^*(\mathrm{i}\nabla_\mu\varphi)] - e^2A_\mu A_\mu\varphi^*\varphi$$

是粒子和光子耦合给出的贡献.基本过程的振幅的规则也可以由 $\mathcal{L}_c$ 读出.

e 的系数告诉我们,例如,可以有这样一个过程:一个动量为 $p_1[\varphi = \exp(-\mathrm{i}p_1x)]$ 的粒子发射一个实的或虚的动量为 q、极化为 $\varepsilon[A_\mu = \varepsilon_\mu\exp(\mathrm{i}qx)]$ 的光子然后继续具有动量 $p_2[\varphi = \exp(-\mathrm{i}p_2x)]$.代入 $\mathcal{L}_c$,我们得到

$$e\int\varepsilon_\mu\exp(\mathrm{i}qx)[p_{2\mu}\exp(\mathrm{i}p_2x)\exp(-\mathrm{i}p_1x) + \exp(\mathrm{i}p_2x)p_{1\mu}\exp(-\mathrm{i}p_1x)]\mathrm{d}^4x$$

$$= e(p_2 + p_1)\cdot\varepsilon\int\exp[\mathrm{i}(q + p_2 - p_1)x]\mathrm{d}^4x$$

最后一个因子告诉我们 $p_2 + q = p_1$,那么振幅则是

振幅 $= -\mathrm{i}(4\pi)^{1/2}e(p_2 + p_1)\cdot\varepsilon$

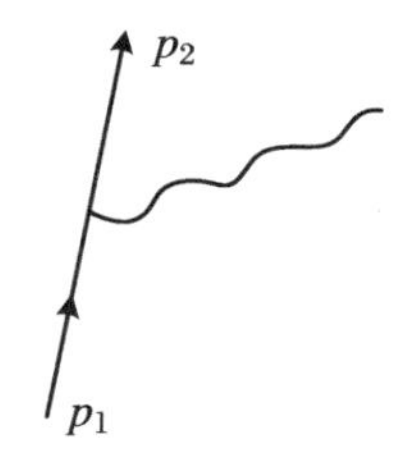

因子$(4\pi)^{1/2}$和$-\mathrm{i}$的引入前面已经讨论过.

e^2 的系数对应同时发射两个光子:其中一个 A_μ 为

$$\varepsilon_\mu^a \exp(\mathrm{i}q_a x) \quad 或 \quad \varepsilon_\mu^b \exp(\mathrm{i}q_b x)$$

相应的另一个 A_μ 为

$$\varepsilon_\mu^b \exp(\mathrm{i}q_b x) \quad 或 \quad \varepsilon_\mu^a \exp(\mathrm{i}q_a x)$$

这个过程的振幅则为

$$振幅 = -4\pi e^2 2\varepsilon_a \cdot \varepsilon_b$$

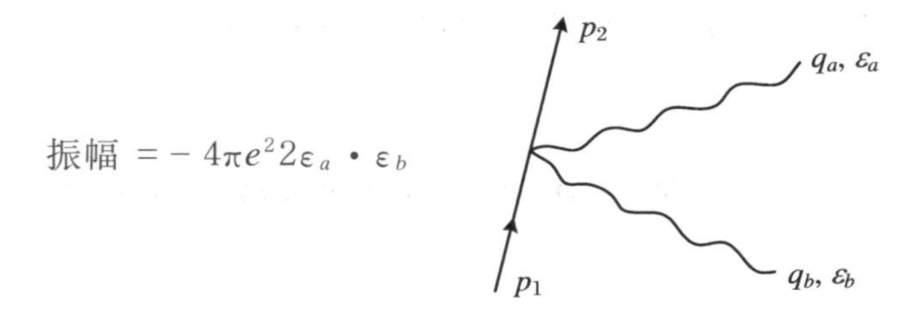

光子的传播子 光子的传播子也可以由运动方程得到.光子的振幅 $A_\mu(x,y,z,t)$满足麦克斯韦方程

$$\nabla_\mu \nabla_\mu A_\nu = j_\nu \quad (j_\nu \text{ 是光子的源})$$

由$\nabla_\nu A_\nu = 0$可以推出$\nabla_\nu j_\nu = 0$;我们后面将对此展开说明.依照第 17 章中的步骤,令

$$A_\mu(x) = \int \varepsilon_\mu(k)\exp(-\mathrm{i}kx)[\mathrm{d}^4 k/(2\pi)^4]$$

$$j_\mu(x) = \int j_\mu(k)\exp(-\mathrm{i}kx)[\mathrm{d}^4 k/(2\pi)^4]$$

代入微分方程,我们得到

$$-k^2 \varepsilon_\mu(k) = j_\mu(k)$$

因此,虚光子的传播子为

$$-(\mathrm{i}/k^2)\delta_{\mu\nu}$$

因子 $\delta_{\mu\nu}$是为了提醒我们什么样的源提供什么样的极化,因子 i 的引入是因为耦合中的$-\mathrm{i}$因子.

例如,考虑 π-K 通过光子的散射(图 19.1).(忘掉我们前面假想的直接的 K-ππ 相互作用.)

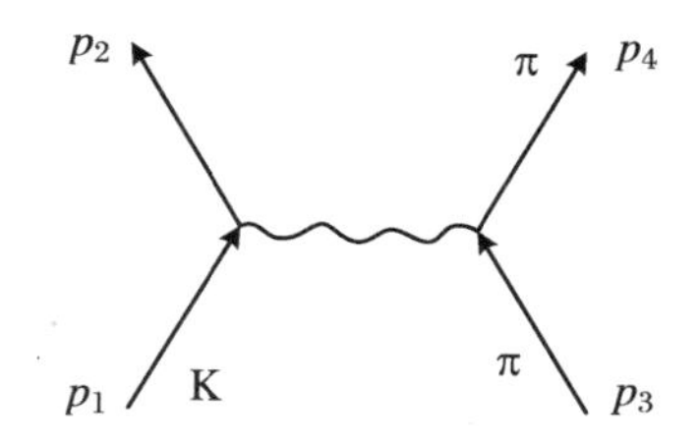

图 19.1

完全的振幅 M 由三个因子构成：

(1) 动量为 p_1 的 K 介子发射一个动量为 p_1-p_2、极化为 ε 的虚光子的振幅：

$$(4\pi)^{1/2}e(p_{1_\mu}+p_{2_\mu})\varepsilon_\mu$$

(2) 光子传播子的振幅：

$$-[\delta_{\mu\nu}/(p_1-p_2)^2]$$

(3) 动量为 p_3 的 π 介子吸收那个虚光子的振幅：

$$(4\pi)^{1/2}e(p_{3_\mu}+p_{4_\mu})\varepsilon_\mu$$

对虚光子的四个极化方向求和，得

$$\begin{aligned}M&=4\pi e^2\sum_{\text{极化}}(p_{1_\mu}+p_{2_\mu})\varepsilon_\mu(p_{3_\nu}+p_{4_\nu})\varepsilon_\nu[\delta_{\mu\nu}/(p_1-p_2)^2]\\&=4\pi e^2(p_1+p_2)(p_3+p_4)[1/(p_1-p_2)^2]\end{aligned}$$

后面我们会讨论为什么对于实光子必须只考虑两个极化.

问题

19.1 在质心系中求 π^--π^- 散射的矩阵.

19.2 对 π^--π^+ 做同样的事情.

19.3 在初始 π^+ 的静止系中求 π^+ 的康普顿效应.

19.4 在 π^- 静止系中计算 π^+-π^- 对的湮灭.

第 20 章

虚的和实的光子

让我们讨论光子的虚、实发射的关系.例如,为什么对于实光子我们只需考虑两个横极化态,但在一个虚过程中我们要对光子的四个可能的极化态求和?

假设把一个光子送往月球.我们可以用图 20.1 描述这个过程.

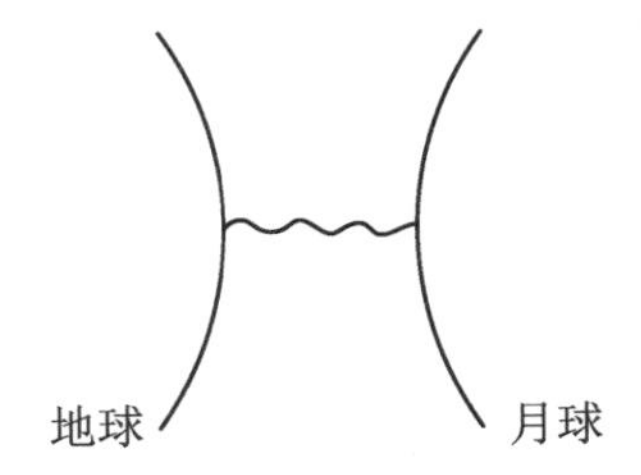

图 20.1

从某种意义上说,如果在足够长的时间尺度上考察,每一个实光子实际上都是虚的.它总是在宇宙某处被吸收.实光子的特征是 $k^2 \to 0$(因为光子并不总是实的,按照不确定原理,k^2 不恒等于零),所以其传播子 $1/k^2 \to \infty$.在继续深入讨论之前,我们必须考虑电荷守恒定律.

电荷守恒　粒子加上光子场的作用量 S 由最小电磁耦合假设给出：

$$S=\int d^4x[-\varphi^*(i\nabla_\mu-eA_\mu)^2\varphi+M^2\varphi^*\varphi+1/4(\nabla_\nu A_\mu-\nabla_\mu A_\nu)^2]$$

$$=\int d^4x[-\varphi^*(i\nabla_\mu)^2\varphi+M^2\varphi^*\varphi+1/4(\nabla_\nu A_\mu-\nabla_\mu A_\nu)^2]$$

$$+eA_\mu(\varphi^*[i\nabla_\mu-(e/2)A_\mu]\varphi+\{[i\nabla_\mu-(e/2)A_\mu]\varphi\}^*\varphi)$$

要求作用量在粒子和光子场的一阶变分下的变化为零，我们得到粒子的运动方程

$$(i\nabla_\mu)(i\nabla_\mu)\varphi-M^2\varphi=e[i\nabla_\mu(A_\mu\varphi)+A_\mu(i\nabla_\mu\varphi)]-e^2A_\mu A_\mu\varphi$$

和光子的运动方程

$$\nabla_\nu\nabla_\nu A_\mu=e\{\varphi^*(i\nabla_\mu-eA_\mu)\varphi+[(i\nabla_\mu-eA_\mu)\varphi]^*\varphi\}$$

(我们已经使用了条件$\nabla_\mu A_\mu=0$).所以荷流矢量是

$$j_\mu=e\{\varphi^*(i\nabla_\mu-eA_\mu)\varphi+[(i\nabla_\mu-eA_\mu)\varphi]^*\varphi\}$$

A_μ 的任意变化所引起的作用量的一阶变化必须为零.对于特殊的变化 $\delta A_\mu=\nabla_\mu\chi$，这里 χ 是一个任意函数，场量并不发生改变，所以作用量的变化仅仅是其耦合项的变化：

$$\int j_\mu\nabla_\mu\chi d^4x=-\int\chi\nabla_\mu j_\mu d^4x$$

由于 χ 的任意性以及作用量的这一变化为零，我们必须有

$$\nabla_\mu j_\mu=0$$

这就是电荷-流守恒定律，它隐含在规范对称原理中.即使最小电磁相互作用假设失效，电荷-流守恒定律也是成立的.

我们现在回头继续研究虚、实光子的关系.考虑 a，b 两个粒子之间的散射，两个粒子产生的电流分别为 $j_\mu^a(x)$和 $j_\mu^b(x)$.

发射一个动量为 q、极化为 ε 的光子的振幅为$j_\mu(q)\varepsilon_\mu$，这里 $j_\mu(q)$是 $j_\mu(x)$的傅里叶变换.按照我们的规则，交换一个动量为 $q=(\omega,\boldsymbol{Q})$、极化为 ε 的光子对散射振幅的贡献是

$$M=j_\mu^a(q)\varepsilon_\mu(1/q^2)j_\nu^b(q)\varepsilon_\nu$$

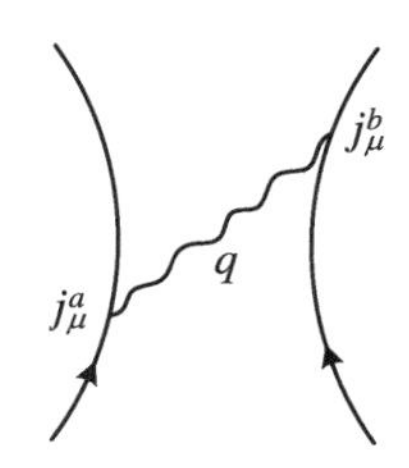

为了方便地计入光子四个可能的极化方向，我们选取时空坐标轴使得第三轴沿着光子的传播方向. 对极化态求和后，有

$$M = \frac{j_4^a j_4^b}{\omega^2 - Q^2} - \frac{j_3^a j_3^b}{\omega^2 - Q^2} - \frac{j_2^a j_2^b}{\omega^2 - Q^2} - \frac{j_1^a j_1^b}{\omega^2 - Q^2}$$

最后两项是所期望的横向光子态的贡献. 那么前两项的意义何在？电荷-流守恒要求

$$q_\mu j_\mu(q) = 0$$

或者，因为第三轴沿着 Q 的方向，所以

$$\omega j_4 - Q j_3 = 0$$

把 $j_3 = \frac{\omega}{Q} j_4$ 代入 M，我们得到

$$M = -j_4^a j_4^b / Q^2 - \sum_{\text{横光子}} [(j^a \cdot \varepsilon)(j^b \cdot \varepsilon)/(\omega^2 - Q^2)]$$

倘若转移的光子是实的，则 $\omega \cong Q$. 那么，相较于横光子的贡献，纵光子和类时光子对 M 的贡献(第一项)近似为零. 然而在一般情形下，虚的纵光子和类时光子并不能被忽略，它们事实上扮演着重要的角色. 为了看清此角色是什么，我们在坐标空间中表达出所有的动量 Q 和频率 ω 对于 M 第一项的贡献. 代入

$$j_4(Q,\omega) = \int \rho(\boldsymbol{x},t) \exp[-\mathrm{i}(Q \cdot \boldsymbol{x} - \omega t)] \mathrm{d}^3 x \mathrm{d}t, \quad \rho = \text{电荷密度}$$

我们有

$$\begin{aligned}
&\int [j_4^a(Q,\omega) j_4^b(Q,\omega) / -Q^2][\mathrm{d}^3 Q \mathrm{d}\omega/(2\pi)^4] \\
&\quad = \int \rho^a(\boldsymbol{x}_1, t_1) \rho^b(\boldsymbol{x}_2, t_2) \exp\{-\mathrm{i}[Q(\boldsymbol{x}_1 - \boldsymbol{x}_2) - \omega(t_1 - t_2)]\}[\mathrm{d}^3 Q \mathrm{d}\omega/(2\pi)^4] \times \\
&\quad \mathrm{d}^3 \boldsymbol{x}_1 \mathrm{d}t_1 \mathrm{d}^3 \boldsymbol{x}_2 \mathrm{d}t_2
\end{aligned}$$

关于 ω 和 Q 的积分分别给出 $2\pi\delta(t_1 - t_2)$ 与 $4\pi / |\boldsymbol{x}_1 - \boldsymbol{x}_2|$ (因为 $\int \exp(-\mathrm{i}\boldsymbol{Q} \cdot \boldsymbol{R}) \mathrm{d}^3 Q / Q^2 = 4\pi / R$)，所以我们得到

$$\int \rho^a(\boldsymbol{x}_1, t) \rho^b(\boldsymbol{x}_2, t) / |\boldsymbol{x}_1 - \boldsymbol{x}_2| \mathrm{d}t \mathrm{d}^3 \boldsymbol{x}_1 \mathrm{d}^3 \boldsymbol{x}_2$$

这是两个带电粒子之间的瞬时库仑相互作用. 全部的相互作用包含横向光子的交换，它导致推迟作用.

韧致辐射 假设 π 介子被一个自旋为零的重粒子，例如 K 介子散射. 散射过程很有

可能会发光(后面我们将考虑更实用的自旋 1/2 粒子的情形). 在最低阶存在着几个散射图(图 20.2)和其他一些相似的图,其中光子由 K 介子发射. 不过,我们感兴趣的是非常重的 K 介子,在此情形中可以证明其他图的贡献可以忽略.

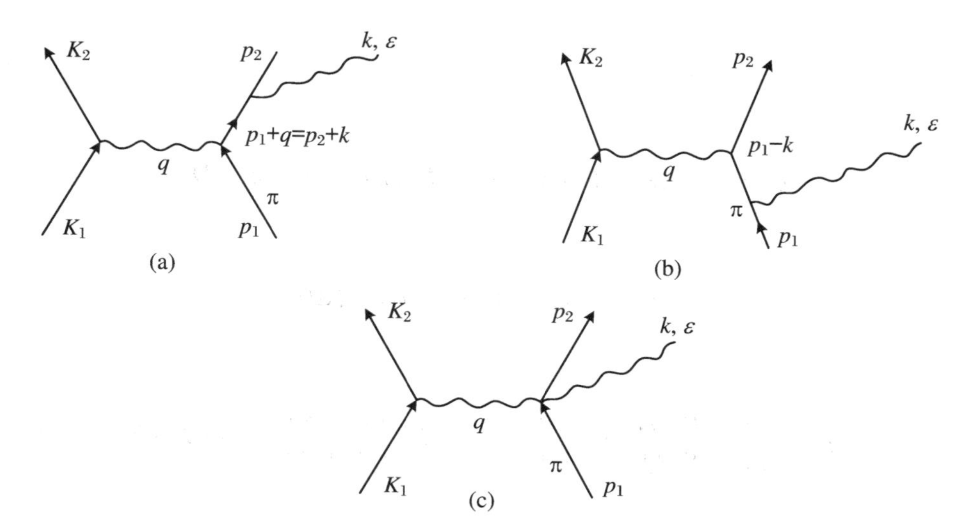

图 20.2

过程(a)、(b)与(c)的振幅分别是

$$a = [(4\pi)^{1/2}e]^3(K_1 + K_2)\cdot(2p_1 + q)(2p_2 + k)\cdot\varepsilon\{1/[(p_2 + k)^2 - M^2]\}(-1/q^2)$$
$$b = [(4\pi)^{1/2}e]^3(K_1 + K_2)\cdot(2p_2 - q)(2p_1 - k)\cdot\varepsilon\{1/[(p_1 - k)^2 - M^2]\}(-1/q^2)$$
$$c = (4\pi e^2)[(4\pi)^{1/2}e](K_1 + K_2)\cdot 2\varepsilon(-1/q^2)$$

一些简化是显而易见的,即

$$k\cdot\varepsilon = 0,\quad (p + k)^2 - M^2 = 2p\cdot k$$

我们将考虑 K 介子处于静止的初态且取极限 $M_K\to\infty$. 如此,光子-K 介子顶角处的能量守恒要求虚光子的能量

$$\omega_q \cong Q^2/2M_K \approx 0$$

进一步地,K_1 和 K_2 几乎仅仅具有非零的时间分量 M_K.

我们得到

$$a = [(4\pi)^{1/2}e]^3 4M_K E_1(p_2\cdot\varepsilon/p_2\cdot k)(-1/Q^2)$$
$$b = [(4\pi)^{1/2}e]^3 4M_K E_2[p_1\cdot\varepsilon/(-p_1\cdot k)](-1/Q^2)$$
$$c = [(4\pi)^{1/2}e]^3 4M_K\varepsilon_4(-1/Q^2)$$

重 K 介子与 π 介子仅仅交换类时的零能量虚光子．因此，光子的传播子 $1/q^2$ 等于 $1/Q^2$，相应于静态的库仑相互作用．振幅和 $a+b+c$ 是规范不变量．这可以通过证明当 ε 沿着 k 方向时，$\varepsilon=\alpha k$，振幅和等于零得以确认．倘若把 ε 选择为类空矢量，则振幅 c 消失．

π 介子散射进入立体角 $\mathrm{d}\Omega_2$ 且伴有一个能量为 ω 的光子发射进入立体角 $\mathrm{d}\Omega_\omega$ 的微分截面为（选择 ε 为类空矢量）

$$\mathrm{d}\sigma v_1=[2\pi/(2E_1 2M_{\mathrm{K}} 2E_2 2M_{\mathrm{K}} 2\omega)]\,|a+b|^2 D$$

式中 D 是终态的态密度（见第 16 章）：

$$D=[1/(2\pi)^6]E_2 P_2\omega^2\mathrm{d}\omega\mathrm{d}\Omega\mathrm{d}\Omega_\omega$$

把关于 a，b 和 D 的表达式代入 $\mathrm{d}\sigma$ 中，我们得到

$$\mathrm{d}\sigma=\frac{4e^6}{(2\pi)^2}\frac{P_2}{P_1}\frac{\omega}{Q^4}\left|E_1\frac{(p_2\cdot\varepsilon)}{(p_2\cdot k)}-E_2\frac{(p_1\cdot\varepsilon)}{(p_1\cdot k)}\right|^2\mathrm{d}\omega\mathrm{d}\Omega_2\mathrm{d}\Omega_\omega$$

总能量、动量守恒要求

$$E_1=E_2+\omega$$
$$p_1=p_2+K-Q$$

（参见图 20.3）．对出射光子的极化求和，我们有

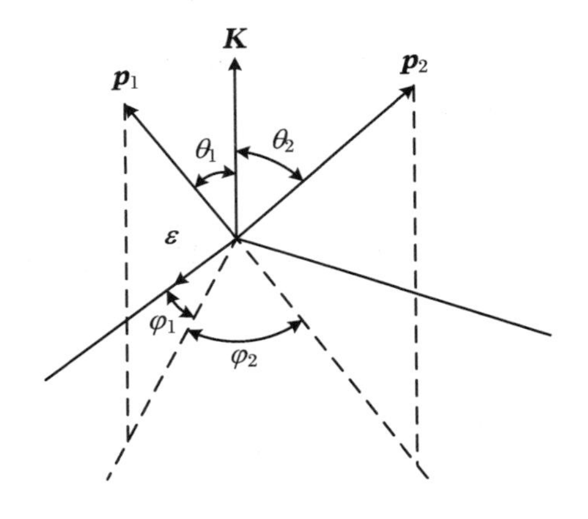

图 20.3

$$
\begin{aligned}
\mathrm{d}\sigma = {} & [4e^6/(2\pi)^2](P_2/P_1)(1/Q^4)(\mathrm{d}\omega/\omega)\mathrm{d}\Omega_1\mathrm{d}\Omega_2 \\
& \times E_1^2\left(\frac{v_2\sin\theta_2}{1-v_2\cos\theta_2}\right)^2 + E_2^2\left(\frac{v_1\sin\theta_1}{1-v_1\cos\theta_1}\right)^2 \\
& - \frac{2E_1E_2v_1v_2\sin\theta_1\sin\theta_2\cos\varphi}{(1-v_1\cos\theta_1)(1-v_2\cos\theta_2)}
\end{aligned}
$$

对于零自旋的粒子而言,这个公式与自旋 1/2 粒子满足的著名的贝特-海特勒(Bethe-Heitler)公式地位相当.

21

第 21 章

问题

问题 21.1 在质心系中考虑 π^--π^- 散射. 散射过程由两个图描写. 一个图是:

$$振幅 = [(4\pi)^{1/2}e]^2(p_1 + p_2)\cdot(p_3 + p_4)(1/q^2)$$

$$p_1 + p_3 = p_2 + p_4$$

$$q = p_1 - p_2$$

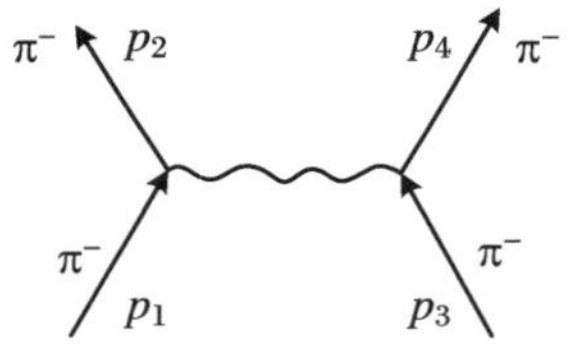

另一个图是"交换图",即在上图中做动量交换 $p_2 \leftrightarrow p_4$:

$$振幅 = [(4\pi)^{1/2}e]^2(p_1 + p_4)\times(p_2 + p_3)\cdot(1/q'^2)$$

$$q' = p_1 - p_4$$

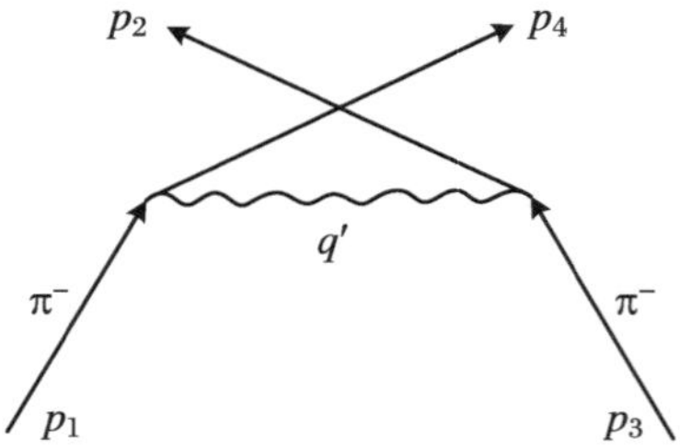

在质心系中, $\boldsymbol{P}_1 = -\boldsymbol{P}_3 = \boldsymbol{P}, \boldsymbol{P}_2 = -\boldsymbol{P}_4 = \boldsymbol{Q}, \boldsymbol{P}^2 = \boldsymbol{Q}^2$,

$$E_1 = E = (\boldsymbol{P}^2 + \boldsymbol{M}^2)^{1/2}$$

因此,有

$$\frac{(p_1 + p_2)\cdot(p_3 + p_4)}{(p_1 - p_2)^2} = \frac{4E^2 + (\boldsymbol{P} + \boldsymbol{Q})^2}{(\boldsymbol{P} - \boldsymbol{Q})^2} = \frac{E^2}{P^2}\frac{1 + v^2\cos^2(\theta/2)}{\sin^2(\theta/2)}$$

式中 θ 是 $\boldsymbol{P}$ 与 $\boldsymbol{Q}$ 之间的夹角,如图 21.1 所示,$v = P/E$.

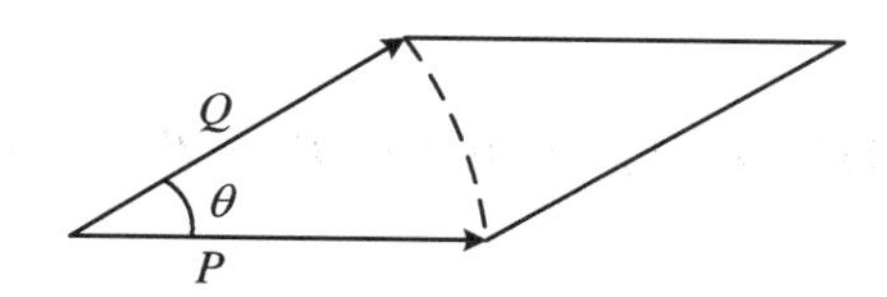

图 21.1

类似地,有

$$\frac{(p_1 + p_4)\cdot(p_2 + p_3)}{(p_1 - p_4)^2} = \frac{4E^2 + (\boldsymbol{P} - \boldsymbol{Q})^2}{(\boldsymbol{P} + \boldsymbol{Q})^2} = \frac{E^2}{P^2}\frac{1 + v^2\sin^2(\theta/2)}{\cos^2(\theta/2)}$$

以上两式相加,我们得到

$$M = 4\pi e^2\frac{E^2}{P^2}\frac{1 + v^2\cos^2(\theta/2)}{\sin^2(\theta/2)} + \frac{1 + v^2\sin^2(\theta/2)}{\cos^2(\theta/2)}$$

问题 21.2 对于 π^+-π^- 散射(一个非常有趣的过程),如图 21.2 所示.

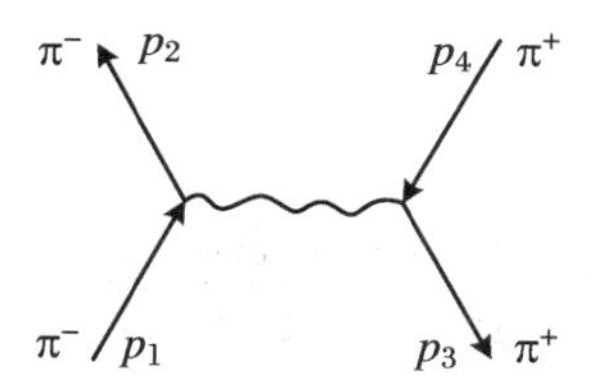

图 21.2

按我们在第 5 章中所讨论的,一个能量动量为 P 的 π^+ 介子(它是 π^- 介子的反粒子)等同于一个 4-动量为 $p = -P$ 的、沿着时间轴反方向运动的 π^- 介子.顶角对振幅的贡献是

$$(4\pi)^{1/2}e(p_3 + p_4)\cdot\varepsilon = -(4\pi)^{1/2}e(P_3 + P_4)\cdot\varepsilon$$

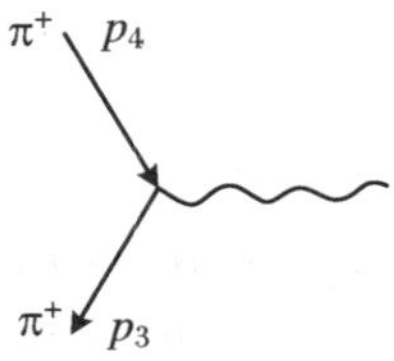

它表明 π^+ 与 π^- 携带的电荷符号相反.对于带电粒子与它们的反粒子而言,这总是对的.所以,这个过程的振幅是

$$\text{振幅} = -[(4\pi)^{1/2}e]^2(p_1 + p_2)\cdot(P_3 + P_4)[1/(p_1 - p_2)^2]$$

由于 π^+ 和 π^- 是不同的粒子,当然没有交换图.不过,存在着一个与此类似的图.我们通过改变传播子提供的联系得到新图,使得 p_1 转向 p_3 而不是转向 p_2,p_4 转向 p_2 而不是转向 p_3:

$$\text{振幅} = [(4\pi)^{1/2}e]^2(p_1 - P_3)\cdot(p_2 - P_4)\times [1/(p_1 + P_3)^2]$$

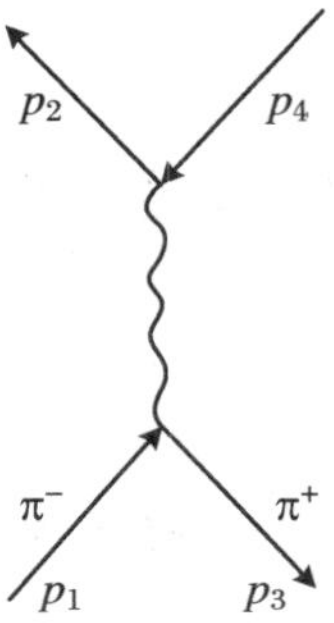

在这个图中,π^+ 和 π^- 湮灭成一个虚光子,虚光子又在终态中重新产生了 π^+ 与 π^- 介子对.

我们发现质心系中的散射矩阵是

$$M = 4\pi e^2\left|-\frac{E^2}{p^2}\frac{1 + v^2\cos^2(\theta/2)}{\sin^2(\theta/2)} + \frac{p^2}{E^2}\cos^2\theta\right|$$

问题 21.3 π^- 介子的康普顿效应.考虑过程 $\gamma+\pi^-\to\pi^-+\gamma$,其发生有三种途径:

$$\begin{aligned} a &= [(4\pi)^{1/2}e]^2(2p_2 + q_2)\cdot\varepsilon_2\times \\ &\quad \{1/[(p_1 + q_1)^2 - m^2]\}(2p_1 + q_1)\cdot\varepsilon_1 \\ &= 4\pi e^2[(2p_2\cdot\varepsilon_2)(2p_1\cdot\varepsilon_1)/2p_1\cdot q_1] \end{aligned}$$

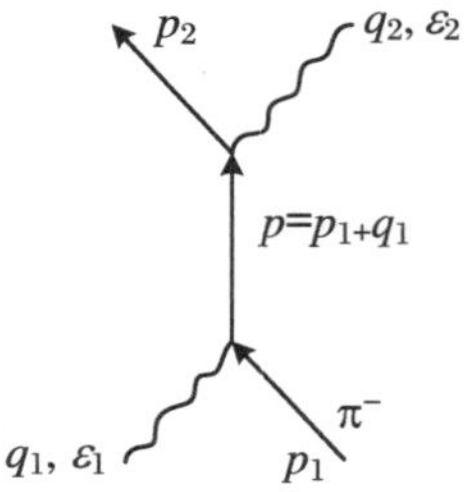

上式第二个等号成立的理由是 $q\cdot\varepsilon = 0$ 且 $(p+q)^2 - m^2 = 2p\cdot q$.

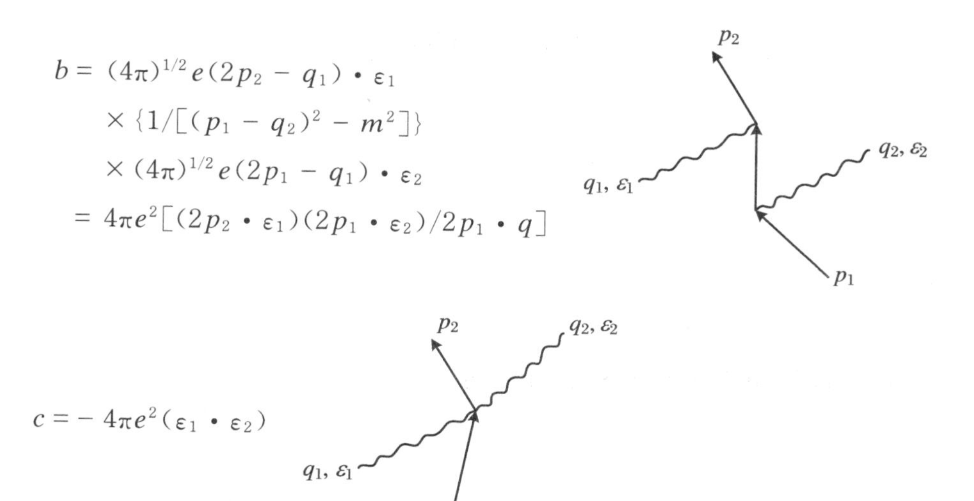

立足初态 π 介子的自身参考系，其中 $\boldsymbol{P}_1 = 0$. 再取 $\varepsilon_4 = 0$，我们有

$$p_1 \cdot \varepsilon_1 = m\varepsilon_{1_4} = 0$$

$$p_1 \cdot \varepsilon_2 = 0$$

仅有的贡献来自于上面的途径 c. 这个结果依赖于我们所做的特殊规范选择 $\varepsilon_4 = 0$. 请注意每一个图对应的振幅都不是规范不变量. 文献资料中充斥着对这几个图所对应的振幅相对比重的错误评论. 只有它们的总和才是规范不变的. 请通过说明代换 $\varepsilon'_\mu = \varepsilon_\mu + \alpha q_\mu$ 不产生散射截面的任何变化，即代换 $\varepsilon_1 = \alpha_1 q_1$ 或者 $\varepsilon_2 = \alpha_2 q_2$ 对截面给出零贡献，证明结果的规范不变性.

立足初态 π 介子的自身参考系，$\boldsymbol{P}_1 = 0$，如下：

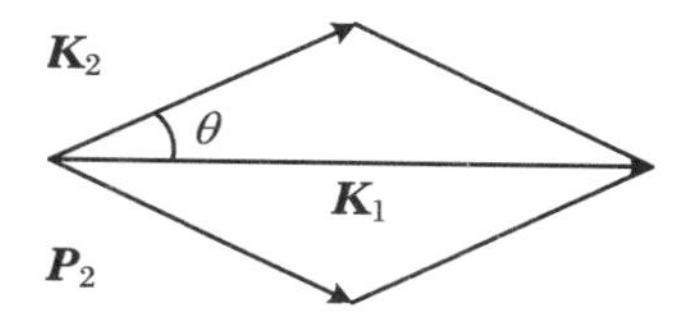

如果观测光子而不是 4-动量为 p_2 的终态 π 介子，我们可以通过代换 $p_2 = p_1 + k_1 - k_2$ 在方程中消去 p_2，从而得到一个方便的公式. 其平方给出 $m^2 = m^2 + 2p_1 \cdot k_1 - 2p_2 \cdot k_2 - 2k_1 \cdot k_2$，或者在我们的参考系中，有

$$m(\omega_1 - \omega_2) - \omega_1\omega_2(1 - \cos\theta) = 0$$

或者著名的康普顿公式：

$$1/\omega_2 = (1/\omega_1) + (1/m)(1 - \cos\theta)$$

它描写了光被一个静止的自由粒子散射后其频率的改变.

问题 21.4 飞行中 π^+-π^- 介子对的湮灭.这个过程完全类似于康普顿效应,但其中一个 π 介子沿时间轴反向运动.

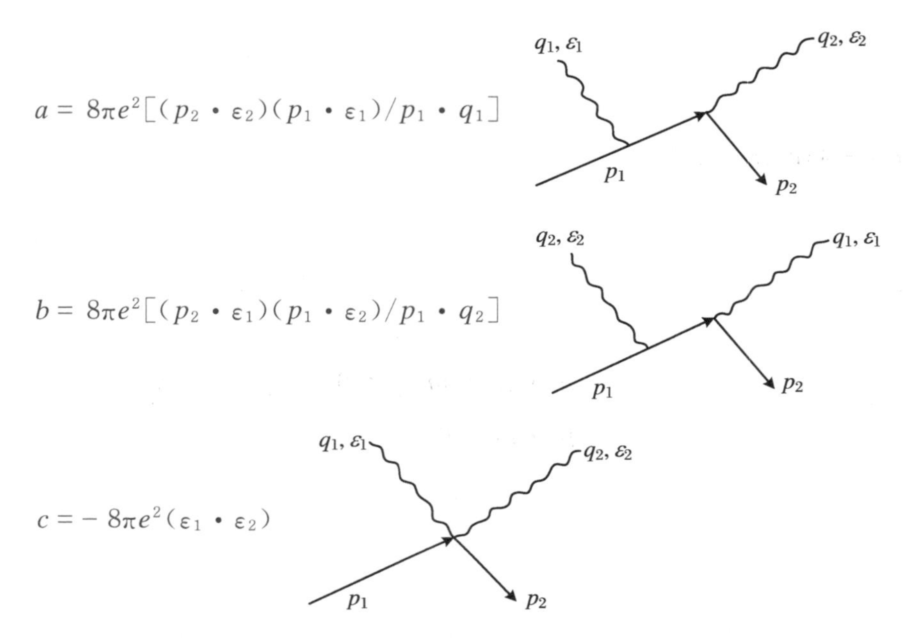

和以前一样,我们立足于 $\boldsymbol{P}_1 = 0$ 的参考系.请通过求 $\not{k}_1 = \not{p}_1 - \not{p}_2 - \not{k}_2$ 的平方证明 $m + E_2 = \omega_2(m + E_2 - P_2\cos\theta)$.进而有

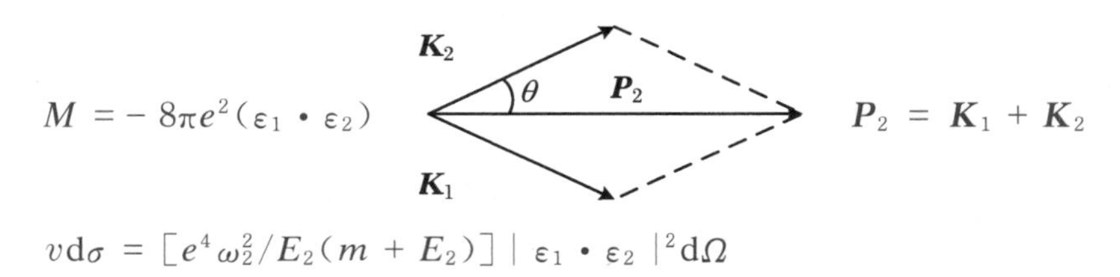

$$v\mathrm{d}\sigma = [e^4\omega_2^2/E_2(m + E_2)] \mid \varepsilon_1 \cdot \varepsilon_2 \mid^2 \mathrm{d}\Omega$$

我们看到总散射截面正比于 $1/v$ 且在 $v \to 0$ 极限下趋于无穷大.这意味着什么呢?设想存在一种由 π 介子构成的气体,其单位体积内有 n 个 π 介子.一个速度为 v 的 π^+ 介子穿越此气体时,单位时间内的湮灭概率是 $1/\tau = n\sigma v$,它取有限值.

对于束缚的 π^+-π^- 体系(类似于电子偶素),n 等于原点处波函数的平方,而 τ 是体系的寿命.

第 22 章

自旋 1/2 的粒子

回忆一下二分量的旋量，它相对单位矢量 $\boldsymbol{n}$、角度为 θ 的空间转动行为由算符 $\exp(\mathrm{i}\theta\boldsymbol{n}\cdot\boldsymbol{M})$ 描述，$\boldsymbol{M}=(1/2)\boldsymbol{\sigma}$. 在问题 21.3 中，大家关注这一旋量在洛伦兹变换下的行为. 如同空间转动的情况，考虑无穷小变换就足够了. 相应的算符写为

$$1+\mathrm{i}(\boldsymbol{v}/c)\cdot N$$

这里 $\boldsymbol{v}$ 是无穷小速度，$c=1$. 与之前一样，对于 z 方向的有限速度 v，我们得到算符 $\exp(\mathrm{i}w\boldsymbol{n}_z)$ 且 $\tanh w=v/c$.

这样我们需要 6 个算符来表示一般的洛伦兹变换：

$$\begin{matrix} M_x & M_y & M_z \\ N_x & N_y & N_z \end{matrix}$$

它们对应于 4 维空间的 6 个转动. 这些量构成了一个反对称张量，其分量为

$$M_{\mu\nu}=-M_{\nu\mu}=\begin{pmatrix} M_{yz} & M_{zx} & M_{zy} \\ M_{xt} & M_{yt} & M_{zt} \end{pmatrix} \quad 即 \quad M_x=M_{yz}，等等$$

通过代数（研究相继的洛伦兹变换）或画图的方式，我们得到对易关系

$$M_xM_z - M_yM_x = \mathrm{i}M_z$$
$$N_xM_y - M_yN_x = \mathrm{i}N_z$$
$$N_xN_y - N_yN_x = - M_z$$

及指标循环置换后的关系，其他的都对易，即

$$N_zM_z - M_zN_z = 0$$

这些规则概括起来为

$$M_{\mu\nu}M_{\sigma\tau} - M_{\sigma\tau}M_{\mu\nu} = \mathrm{i}(\delta_{\nu\sigma}M_{\mu\tau} - \delta_{\nu\tau}M_{\mu\sigma} - \delta_{\mu\sigma}M_{\nu\tau} + \delta_{\mu\tau}M_{\nu\sigma})$$

现在我们来寻找作用在二分量旋量 u 上的算符 $\boldsymbol{N}$ 的表示. 首先，$\boldsymbol{N}$ 一定是一个 2×2 的矩阵

$$N_x = \begin{pmatrix} ? & ? \\ ? & ? \end{pmatrix}$$

我们可以在未知的地方打上问号，然后利用对易关系和 $\boldsymbol{M}=(1/2)\boldsymbol{\sigma}$ 来琢磨出解. 但是，如果我们注意到任何 2×2 矩阵可由 4 个矩阵 $1,\sigma_x,\sigma_y,\sigma_z$ 的线性组合构成，事情将变得更容易. 所以我们写出

$$N_x = \alpha 1 + a\sigma_x + g\sigma_y + h\sigma_z$$

注意到 N_x 和 σ_x 对易，因此 $g=h=0$，从而

$$N_x = \alpha 1 + a\sigma_x$$
$$N_y = \beta 1 + b\sigma_y$$
$$N_z = \gamma 1 + c\sigma_z$$

将之代入对易关系中，得

$$N_xM_y - M_yN_x = \mathrm{i}N_z$$
$$(\alpha 1 + a\sigma_x)(1/2)\sigma_y - (1/2)\sigma_y(\alpha 1 + a\sigma_x) = \mathrm{i}(\gamma 1 + c\sigma_z)$$
$$\mathrm{i}a\sigma_z = \mathrm{i}(\gamma 1 + c\sigma_z)$$

因此

$$a = c$$
$$\gamma = 0$$

通过循环置换

$$b = a$$
$$\alpha = \beta = 0$$

得到

$$\boldsymbol{N} = a\boldsymbol{\sigma}$$

在 $N_xN_y - N_yN_x = -\mathrm{i}M_z$ 中做替换 $\boldsymbol{N} = a\boldsymbol{\sigma}$ 可确定 a：

$$a^2 = -1/4, \quad a = \pm \mathrm{i}/2$$

对于 a 我们可以选择任一符号. 如果选 + 号,那么有

$$\boldsymbol{N} = \mathrm{i}\boldsymbol{\sigma}/2, \quad \boldsymbol{M} = \boldsymbol{\sigma}/2$$

但是考虑镜像旋量的变换性质时,由于在反射 $\boldsymbol{N} \to -\boldsymbol{N}$ 下,$\boldsymbol{v} \to -\boldsymbol{v}$,$\boldsymbol{N} \cdot \boldsymbol{v}$ 是标量;$\boldsymbol{M} \to \boldsymbol{M}$,因此二分量旋量和它的镜像在洛伦兹变换下不以相同的方式变换. 为了保持反射不变性,我们需要 4-分量旋量.

记 $\sigma_v = \boldsymbol{\sigma} \cdot \boldsymbol{v}/|\boldsymbol{v}|$,洛伦兹变换下变换 u 的算符为

$$\exp(-\sigma_v w/2)$$

例如,考虑平面波 $u\exp(-\mathrm{i}p \cdot x)$,对于沿着 z 轴的洛伦兹变换,$\sigma_v = \sigma_z$,$u' = \exp(-\sigma_z w/2)u$. 通过对 $u = \begin{pmatrix}1\\0\end{pmatrix}$ 和 $\begin{pmatrix}0\\1\end{pmatrix}$ 的变换,我们可以构造出一般性的情形:

$$u = \begin{pmatrix}1\\0\end{pmatrix} = \begin{pmatrix}0\\1\end{pmatrix}, \quad u' = \exp(-w/2)\begin{pmatrix}1\\0\end{pmatrix} = \exp(w/2)\begin{pmatrix}0\\1\end{pmatrix}$$

因为 $\boldsymbol{N}$ 不是厄米的,所以 u^*u 不是标量. 考虑 u^*u 的变换

$$u^{*\prime}u' = u^*\exp(-\sigma_z w/2)\exp(-\sigma_z w/2)u = u^*\exp(-\sigma_z w)u$$

现在

$$\begin{aligned}
\exp(-\sigma_z w) &= 1 - \sigma_z w + (w^2/2!) - \sigma_z(w^3/3!) + \cdots \\
&= [1 + (w^2/2!) + (w^4/4!) + \cdots] - \sigma_z[w + (w^3/3!) + \cdots] \\
\exp(-\sigma_z w) &= \cosh w - \sigma_z \sinh w
\end{aligned}$$

那么

$$u'^*u' = \cosh w(u^*u) - \sinh w(u^*\sigma_z u)$$

并且

$$u'^* \sigma_z u' = \cosh w(u^* \sigma_z u) - \sinh w(u^* u)$$

我们立刻注意到在洛伦兹变换下，$u^* u$ 和 $u^* \sigma_z u$ 的变换和 t、z 的变换完全相同：

$$\left.\begin{aligned} t' &= \gamma(t - vz) \\ z' &= \gamma(z - vt) \end{aligned}\right\} \quad \gamma = (1 - v^2)^{-1/2}$$

在我们得出 $u^* u$ 和 $u^* \boldsymbol{\sigma} u$ 构成一个 4-矢量的结论之前，我们必须来审查与 $x' = x$，$y' = y$ 对应的部分：

$$\begin{aligned} u'^* \sigma_x u' &= u^* \exp(-\sigma\sigma_z w/2) \sigma_x \exp(-\sigma_z w/2) u \\ &= u^* \exp(-\sigma_z w/2) \exp(+\sigma_z w/2) \sigma_x u \\ &= u^* \sigma_x u \end{aligned}$$

因此我们发现了一个新的 4-矢量，记号为 S_μ：

$$S_\mu = u^* \sigma_\mu u$$

$$\sigma_\mu \equiv (1, \boldsymbol{\sigma})$$

看起来 S_μ 也许可以作为概率流. 与之前一样，归一化使得 $u^* u = 2E$.

那么

$$u^* \sigma_\mu u = 2p, \quad S_\mu = 2p_\mu$$

假设有一个在 z 方向上自旋向上的粒子

$$u = \begin{pmatrix} 1 \\ 0 \end{pmatrix}$$

$$u^* u = 1, \quad u^* \sigma_z u = 1, \quad u^* \sigma_x u = u^* \sigma_y u = 0$$

这里有点麻烦，因为概率流 $u^* \sigma_z u$ 总是在 z 方向上奔跑，意味着该概率流不能表示静止的粒子.

注意到对这个特殊情形 $(u^* u)^2 = (u^* \boldsymbol{\sigma} u)^2$. 这是转动不变的，既然任何旋量一定代表在某个方向比如 z 方向上旋转的粒子，那么我们推断上面的结论在一般情形下是对的，即

$$S_\mu S_\mu = 0$$

总是成立的，或者如果 $S_\mu = 2p_\mu$，那么必定有

$$p_\mu p_\mu = 0, \quad m = 0$$

所以目前的进展只对零质量(自旋1/2)的粒子有效.我们知道的就只有一种这样的粒子——中微子.可以一般性地证明 $S_{\mu}\sigma_{\mu}u=0$.(证明可以先考虑

$$u = \begin{pmatrix}1\\0\end{pmatrix}$$

的情形,然后讨论对任何的 u 一定是对的.)如果取 $S_{\mu}=2p_{\mu}$,则必有

$$p_{\mu}\sigma_{\mu}u = 0$$

或

$$(E - \boldsymbol{p}\cdot\boldsymbol{\sigma})u = 0$$

我们将这作为描述中微子的定律.它对单个动量的平面波是对的,因此对这种波的任何叠加也是对的:

$$\int (E - \boldsymbol{p}\cdot\boldsymbol{\sigma})c_{p}u_{p}\exp(-\mathrm{i}p\cdot x)[\mathrm{d}^{3}\boldsymbol{p}/(2\pi)^{3}] = 0$$

这里 c_p 是动量的任意函数.

我们也可以将其转化成坐标空间的方程.这个方程就是

$$\int \mathrm{i}\,\nabla_{\mu}\sigma_{\mu}[c_{p}u_{p}\exp(-\mathrm{i}p\cdot x)][\mathrm{d}^{3}\boldsymbol{p}/(2\pi)^{3}] = 0$$

或

$$\mathrm{i}\,\nabla_{\mu}\sigma_{\mu}\varphi(x) = 0$$

且

$$\varphi(x) = \int c_{p}u_{p}\exp(-\mathrm{i}p\cdot x)[\mathrm{d}^{3}\boldsymbol{p}/(2\pi)^{3}]$$

将其完整地写出来,得到一般的方程为

$$[(\partial/\partial t) + \boldsymbol{\sigma}\cdot\nabla\_]\varphi(x,t) = 0$$

定义 $\sigma_{p}=\boldsymbol{\sigma}\cdot\boldsymbol{p}/|\boldsymbol{p}|$.因为 $p=E$,所以方程 $(E-\boldsymbol{p}\cdot\boldsymbol{\sigma})u=0$ 和

$$\sigma_{p}u = u$$

等价.这意味着粒子总是在运动方向上按顺时针自旋.实际上通过实验我们知道中微子是逆时针自旋的.但是,别忘了 $\boldsymbol{N}$ 符号的另一种可能性.

对于 $\boldsymbol{N} = -\mathrm{i}\boldsymbol{\sigma}/2$①，我们发现如同4-矢量变换的量为

$$S'_\mu = (u^* u, -u^* \boldsymbol{\sigma} u)$$

在这种情形下，我们得到的方程是

$$(E + \boldsymbol{p} \cdot \boldsymbol{\sigma})v = 0$$

由 v 描述的粒子是逆时针自旋的：

$$\sigma_p v = -v$$

必须注意的是，u 和 v 的变换是不同的：

$$u' = \exp(-\sigma_v w/2)u, \quad v' = \exp(+\sigma_v w/2)v$$

我们说 u 和 v 分别是协变旋量和逆变旋量，相应的变换称为协变的和逆变的.

① 译者注：原文此处无负号.

第 23 章

有限质量的推广

在第 22 章中，我们看到 $S_\mu=(u^*\sigma_\mu u)$ 如同 4-矢量一样变换. 这意味着，对于任意的 B_μ，有

$$B_\mu(u^*\sigma_\mu u)$$

是一个不变量.

由此我们发现在洛伦兹变换下

$$B_\mu\sigma_\mu u$$

的行为不同于 u.

因为 $u^{*\prime}=u^*\exp(-\sigma_v w/2)$，所以

$$(B_\mu\sigma_\mu u)'=\exp(+\sigma_v w/2)(B_\mu\sigma_\mu u)$$

这样 $B_\mu\sigma_\mu u$ 如同逆变旋量一样变换（u 作为一个协变旋量）；如果 v 是逆变旋量，则 $B_\mu\sigma_\mu v$ 是一个协变旋量.

有限质量推广 对于自旋为 1/2 的零质量粒子，我们已经得到运动方程是

$$(E - \boldsymbol{p} \cdot \boldsymbol{\sigma})u = 0 \quad (右手)$$

$$(E + \boldsymbol{p} \cdot \boldsymbol{\sigma})v = 0 \quad (左手)$$

注意到这些方程不是空间反演不变的，因为 $\boldsymbol{p}$ 是极矢量，$\boldsymbol{\sigma}$ 是轴矢量.（几年前我们有充分的理由放弃这些方程——如同泡利 25 年前在《物理手册》第 226 页上描述的那样——但是现在我们知道宇称的确是不守恒的，所以我们将坚持这些结果.）

将第一个方程写为

$$p_{\mu}\sigma_{\mu}u = 0$$

我们看到方程的左边是逆变量.因此，如果想要加某种项来描述粒子的质量或相互作用，我们不得不小心地使其具有相同的变换性质.例如，mu 肯定是错的，因为 u 是协变旋量.

这样，源项（线性依赖于 u）最简单、合适的形式是

$$A_{\mu}\sigma_{\mu}u$$

例如，近期发现的 β 衰变的耦合就是这样的形式，其相互作用为

$$(u_1^* \sigma_{\mu}u_2)(u_3^* \sigma_{\mu}u_4)$$

对于 μ 衰变，u_1 是中微子，u_2 是 μ 子，u_3 是电子，u_4 是反中微子.为了在 u_1 的运动方程中得到这一项，我们需对 u_1^* 变分；注意到 $u_3^* \sigma_{\mu}u_4$ 是一矢量（A_{μ}），就会发现我们得到了所建议的形式 $A_{\mu}\sigma_{\mu}u_2$.

现在再考虑质量.方程

$$(E^2 - \boldsymbol{p}^2)u = m^2 u$$

在变换下的行为是正确的，但是由于 u 有两个分量，描述两个独立的自旋为 0 的粒子.真正的困难出现在包括电磁相互作用时，上面的方程将变为

$$[(E - \varphi)^2 - (\boldsymbol{p} - \boldsymbol{A})^2]u = m^2 u$$

自旋 1/2 粒子的特征项 $\boldsymbol{\sigma} \cdot \boldsymbol{H}$ 无法由该方程导出.

进一步，我们注意到在没有相互作用时，没有办法来区分

$$(E + \boldsymbol{p} \cdot \boldsymbol{\sigma})(E - \boldsymbol{p} \cdot \boldsymbol{\sigma})u = m^2 u$$

和

$$(E^2 - \boldsymbol{p}^2)u = m^2 u$$

然而在有相互作用时，对于这两个方程，替换

$$E \to E - \varphi, \quad \boldsymbol{p} \to \boldsymbol{p} - \boldsymbol{A}$$

的确给出不同的结果.

u 是协变的,$(E - \boldsymbol{p} \cdot \boldsymbol{\sigma})$使其逆变,但$(E + \boldsymbol{p} \cdot \boldsymbol{\sigma})$使其再次协变.这样通过方程

$$(E - \boldsymbol{p} \cdot \boldsymbol{\sigma})u = mv \tag{23.1}$$

我们引入逆变旋量 v,得到

$$(E + \boldsymbol{p} \cdot \boldsymbol{\sigma})v = mu \tag{23.2}$$

这些耦合方程的变换是正确的;当 $m = 0$ 时,它们给出之前的结果(但不再耦合).合在一起后,它们等价于方程

$$(E + \boldsymbol{p} \cdot \boldsymbol{\sigma})(E - \boldsymbol{p} \cdot \boldsymbol{\sigma}) = m^2 u \tag{23.3}$$

引入 4-分量旋量

$$\psi = \begin{pmatrix} u_1 \\ u_2 \\ v_1 \\ v_2 \end{pmatrix} = \begin{pmatrix} u \\ v \end{pmatrix}$$

我们可以将式(23.1)和式(23.2)合成一个单独的方程.

定义矩阵

$$\gamma_t = \begin{pmatrix} 0 & 0 & 1 & 0 \\ 0 & 0 & 0 & 1 \\ 1 & 0 & 0 & 0 \\ 0 & 1 & 0 & 0 \end{pmatrix} = \begin{pmatrix} 0 & 1 \\ 1 & 0 \end{pmatrix}$$

$$\boldsymbol{\gamma} = \begin{pmatrix} 0 & -\boldsymbol{\sigma} \\ \boldsymbol{\sigma} & 0 \end{pmatrix}$$

γ_t 作用在 Ψ 上交换 u 和 v:

$$\gamma_t \Psi = \gamma_t \begin{pmatrix} u \\ v \end{pmatrix} = \begin{pmatrix} v \\ u \end{pmatrix}$$

类似地,我们有

$$\boldsymbol{\gamma} \begin{pmatrix} u \\ v \end{pmatrix} = \begin{pmatrix} 0 & -\boldsymbol{\sigma} \\ \boldsymbol{\sigma} & 0 \end{pmatrix} \begin{pmatrix} u \\ v \end{pmatrix} = \begin{pmatrix} -\boldsymbol{\sigma} v \\ \boldsymbol{\sigma} u \end{pmatrix}$$

这样方程组(23.1)和(23.2)整合为

$$m\Psi = (E\gamma_t - \boldsymbol{p} \cdot \boldsymbol{\gamma})\Psi$$

或

$$m\Psi = p_\mu \gamma_\mu \Psi \tag{23.4}$$

方程(23.4)[或方程组(23.1)和(23.2)]被称为狄拉克方程.它包含质量且有正确的变换性质.可以认为 γ_μ 有4-矢量的行为.

[狄拉克方程有时写为

$$(\boldsymbol{p} \cdot \boldsymbol{\alpha} + m\beta)\Psi = E\Psi$$

由于关系式

$$\gamma_t = \beta, \quad \boldsymbol{\alpha} = \gamma_t \boldsymbol{\gamma}$$

其和方程(23.4)等价.]

了解 γ 矩阵的性质是有用的.我们很容易看到

$$\gamma_t^2 = 1, \quad \gamma_x^2 = -1$$

$$\gamma_t \gamma_x + \gamma_x \gamma_t = 0$$

完整的规则是

$$\gamma_\mu \gamma_\nu + \gamma_\nu \gamma_\mu = 2\delta_{\mu\nu} \tag{23.5}$$

在大多数问题中不必使用 γ 矩阵的明显表示,但能从对易关系(23.5)导出一切.

流 通过构造态 u 和 v 的混合,我们可以得到能够表示静止粒子的概率流.记住

$$(u^* u, u^* \boldsymbol{\sigma} u), \quad (v^* v, -v^* \boldsymbol{\sigma} v)$$

是4-矢量.

考虑一个在静止系中自旋向上的粒子:

$$u = \begin{pmatrix} 1 \\ 0 \end{pmatrix}, \quad \boldsymbol{p} = 0, \quad mv = Eu$$

$$(u^* u, u^* \boldsymbol{\sigma} u) = (1,0,0,+1)$$

$$(v^* v, -v^* \boldsymbol{\sigma} v) = (1,0,0,-1)$$

注意我们能够通过定义一个新的4-矢量来消去其空间部分,它就是上述矢量之和:

$$S_\mu = (u^* u + v^* v, u^* \boldsymbol{\sigma} u - v^* \boldsymbol{\sigma} v)$$

这个新流的一个典型性质是，在粒子的静止系中，其空间分量为 0. 利用 Ψ 来表示 S_μ 可以得到更进一步的简化. 容易发现

$$S_\mu = (\Psi^* \Psi, \Psi^* \gamma_t \Psi)$$

这里 Ψ^* 是 Ψ 的厄米共轭. 为了写成更方便的形式，我们定义

$$\overline{\Psi} \equiv \Psi^* \gamma_t$$

那么 $S_\mu = (\overline{\Psi}\gamma_t\Psi, \overline{\Psi}\boldsymbol{\gamma}\Psi)$ 意味着

$$S_\mu = \overline{\Psi}\gamma_\mu\Psi \tag{23.6}$$

容易看出式(23.6)满足连续性方程

$$\nabla_\mu S_\mu = 0 \tag{23.7}$$

这是因为，考虑狄拉克方程和它的共轭

$$\mathrm{i}\,\nabla_\mu\gamma_\mu\Psi - m\Psi = 0$$

$$\mathrm{i}\,\nabla_\mu\overline{\Psi}\gamma_\mu + m\overline{\Psi} = 0$$

分别在方程的左边乘以 $\overline{\Psi}$，右边乘以 Ψ，然后相加，得到

$$\mathrm{i}\overline{\Psi}(\nabla_\mu\gamma_\mu\Psi) + \mathrm{i}(\nabla_\mu\overline{\Psi}\gamma_\mu)\Psi = 0$$

这正是方程(23.7).

然而 u 或 v 本身并不能构成守恒流. 例如，$\nabla_\mu(u^* \boldsymbol{\sigma}_\mu u) = 2m\,\mathrm{Im}\,(u^* v) \neq 0$. [这可由 u 的方程(23.1)得到.]

最后，我们看到方程(23.1)和方程(23.2)可在变换

$$u \to v, \quad \boldsymbol{p} \to -\boldsymbol{p}$$

下相互转换. S_μ 在该变换下是不变的. 因而这些方程是反射不变的(但是 β-耦合项不是).

作用量原理 狄拉克方程(23.4)[及由此得到的方程(23.1)和方程(23.2)]可从作用量

$$S = \int (\overline{\Psi}p_\mu\gamma_\mu\Psi - m\overline{\Psi}\Psi)\mathrm{d}^4\tau$$

中导出.

引入有用的记号(a_μ 是一个 4-矢量)，为

$$\not{a} \equiv a_\mu \gamma_\mu$$

我们将自旋为 1/2 的粒子在电磁场中的作用量写为

$$S' = \int [\overline{\Psi}(\not{p} - \not{A})\Psi - m\overline{\Psi}\Psi + (1/4)F_{\mu\nu}F_{\mu\nu}]\mathrm{d}^4\tau$$

将 S' 对 $\overline{\Psi}$ 做变分给出粒子的运动方程

$$(\not{p} - m)\Psi = \not{A}\Psi$$

从这个方程可以看出自旋为 1/2 的粒子的传播子为 $1/(\not{p} - m)$. 计算时,因为 $(\not{p} - m)(p + m) = p^2 - m^2$,所以我们经常利用关系

$$1/(\not{p} - m) = (\not{p} + m)/(p^2 - m^2)$$

由拉格朗日量中的耦合项 $e'\overline{\Psi}\not{A}\Psi$,我们得到旋量和光子相互作用的基本振幅为

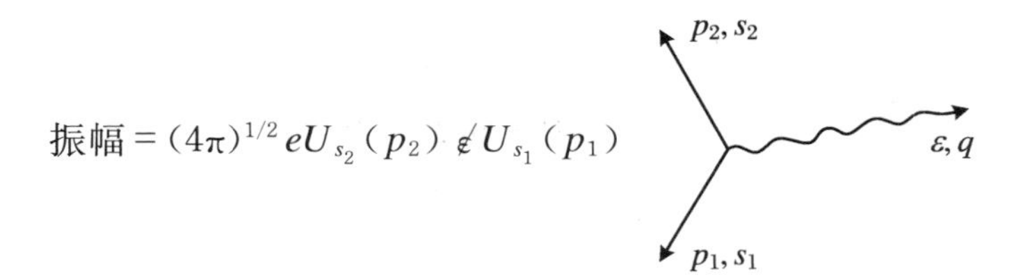

第 24 章

四分量旋量的性质

现在，我们来考虑四分量旋量的性质，有

$$U = \begin{pmatrix} u \\ v \end{pmatrix}$$

满足狄拉克方程

$$\not{p}U = mU$$

或以二分量形式，有

$$(E - \boldsymbol{p} \cdot \boldsymbol{\sigma})u = mv$$
$$(E + \boldsymbol{p} \cdot \boldsymbol{\sigma})v = mu$$

首先，此方程只有两个线性独立的解. 因此，它表示一个自旋为 1/2 的粒子. U 是如何变换的呢？我们已经看到在一个沿 z 轴的洛伦兹变换下，有

$$u' = \exp(-\sigma_z w/2)u, \quad v' = \exp(+\sigma_z w/2)v$$

因此可得

$$U' = \begin{pmatrix} \exp(-\sigma_z w/2)u \\ \exp(+\sigma_z w/2)v \end{pmatrix} = \left[\cosh(w/2) - \sinh(w/2)\begin{pmatrix} \sigma_z & 0 \\ 0 & -\sigma_z \end{pmatrix}\right]U$$

我们可以用前面引入的 4×4 矩阵：

$$\gamma_t = \begin{pmatrix} 0 & 1 \\ 1 & 0 \end{pmatrix}, \quad \boldsymbol{\gamma} = \begin{pmatrix} 0 & -\boldsymbol{\sigma} \\ \boldsymbol{\sigma} & 0 \end{pmatrix}$$

将这个变换写成更紧凑的形式，我们有

$$\gamma_t \gamma_z = \begin{pmatrix} \sigma_z & 0 \\ 0 & -\sigma_z \end{pmatrix}$$

由此可得

$$U' = \exp(-\gamma_t \gamma_z w/2)U$$

和

$$N_z = (\mathrm{i}/2)\gamma_t \gamma_z$$

因为这个变换对应于在 tz 平面内的一个转动，所以我们期望 $M_z = (\mathrm{i}/2)\gamma_x\gamma_y$ 同样是 xy 平面内的一个转动. 下面我们来验证一下. 将 γ 的矩阵表示代入，得到

$$M_z = \frac{1}{2}\begin{pmatrix} \sigma_z & 0 \\ 0 & \sigma_z \end{pmatrix}$$

和

$$U' = \exp(-\gamma_x\gamma_y\theta_z/2)U = \begin{pmatrix} \exp(\mathrm{i}\sigma_z\theta/2)u \\ \exp(\mathrm{i}\sigma_z\theta/2)v \end{pmatrix}$$

让我们回到对自旋态的描述的问题. 如果粒子是静止的，则狄拉克方程就是

$$m\gamma_t U = mU$$

因此

$$u = v$$

这表明只有两个解，我们可以将它们看成是自旋沿某个轴朝上和朝下. 例如，对于自旋沿 z 轴朝上，我们有

$$\sigma_z u = u, \quad \sigma_z v = v$$

或

$$\sigma_z U = U$$

但是，如果粒子是运动的，则 $u \neq v$（因为 u 和 v 在洛伦兹变换下的行为是不同的）. 我们必须在描述运动粒子的自旋方向上更加仔细些. 如果我们沿着运动方向上取 σ，则可以将解描述为自旋朝上（右手螺旋度）或朝下（左手螺旋度）：

$$\not{p} U_{\pm} = m U_{\pm}, \quad \sigma_p U_{\pm} = \pm U_{\pm}$$

但是沿着运动方向上取 σ 并不是一个洛伦兹不变的概念.

如果 $\boldsymbol{\sigma}$ 沿任意方向，那么我们不能找到一个狄拉克方程的解同时是 $\boldsymbol{\sigma}$ 的本征态（$\boldsymbol{\sigma}$ 和 $\not{p}$ 不对易）. 让我们尝试用另外的方式来描述自旋态. 回到静止系，我们有

$$\gamma_t U = U, \quad \sigma_z U = \mathrm{i}\gamma_x \gamma_y U = U$$

那么，也会有

$$\sigma_z \gamma_t U = U$$

现在，我们引入洛伦兹不变的矩阵

$$\gamma_5 = \gamma_t \gamma_x \gamma_y \gamma_z$$

并写下

$$\sigma_z \gamma_t = \mathrm{i}\gamma_x \gamma_y \gamma_t = \mathrm{i}\gamma_z \gamma_5$$

再令 4-矢量 $\boldsymbol{W}$ 满足 $W_\mu p_\mu = 0$, $W_\mu W_\mu = -1$. 在静止系，$W_t = 0$ 且 $\boldsymbol{W}$ 是任意方向的一个单位矢量. 特别地，如果 $\boldsymbol{W}$ 是沿着 z 轴方向的，我们有 $\sigma_z \gamma_t = \mathrm{i}\not{W}\gamma_5$. 因此，$U$ 满足 $\mathrm{i}\not{W}\gamma_5 U = U$.

我们是由静止系出发的，但是现在等式是洛伦兹不变的，即在任何参考系都有效. 因此，对于一个运动的粒子，它的两个自旋态是 $\mathrm{i}\not{W}\gamma_5$ 的本征态，其中 $(W \cdot p) = 0$, $W^2 = -1$. 物理上它们代表粒子在静止系中自旋沿着某个轴朝上或朝下.

当我们处理一个问题时，会发现一般来说振幅的形式是 $m = \bar{U}_2 M U_1$，其中 M 是一个 γ 矩阵的组合，U_1, U_2 分别是初、末自旋态.

任务是要计算概率，正比于

$$\begin{aligned} m^* m &= (\bar{U}_2 M U_1)^* (\bar{U}_2 M U_1) \\ &= (\bar{U}_1 \bar{M} U_2)(\bar{U}_2 M U_1) \end{aligned}$$

其中，$\overline{M}$ 是将 M 中的所有 γ 顺序颠倒并将显式的 $\mathrm{i} \to -\mathrm{i}$ 得到的. [由定义 $\overline{U} = U^* \gamma_t$，我们看到 $\overline{M} = \gamma_t (\gamma_t M)^*$，其中 $*$ 代表厄米共轭. 这个对于 $\overline{M}$ 的规则并没有明显表示出不变性. 上面给出的规则更加简单. 你们自己验证下它们是否一致. 例如，

$$\overline{\gamma}_x = \gamma_x$$

$$\overline{\mathrm{i}\gamma_x\gamma_y} = -\mathrm{i}\gamma_y\gamma_x$$

另外，

$$\overline{\gamma_5} = \gamma_5$$

也很有用.]有两种方式来计算它.

第一种是很显然的方式. 解这两个方程

$$\not{p} U = mU$$

$$\mathrm{i}\not{W}\gamma_5 U = U$$

得到 U_1 和 U_2，然后计算

$$m = (\overline{U}_2 M U_1)$$

另一种在实践中更常用的更好的方法是如下的技巧. 设想我们并不关心最终的自旋态，那么我们希望得到的是

$$\sum_{U_2\text{的两个自旋态}} (\overline{U}_1 \overline{M} U_2)(\overline{U}_2 M U_1)$$

此式可以写成如下形式：

$$(\overline{U}_1 M X M U_1)$$

其中，$X = \sum_{U_2\text{的2个自旋态}} U_2 \overline{U}_2$ 是一个 4×4 的矩阵(注意 U 和 $\overline{U}$“错误”的顺序). 这个矩阵是什么?让我们选粒子静止的坐标系，$\not{p} = m\gamma_t$. 解是(把 $\overline{U}U$ 归一化为 $2m$ 并省略下标 2)

$$\text{自旋朝上的态} = (m)^{1/2}\begin{pmatrix}1\\0\\1\\0\end{pmatrix}, \quad \text{自旋朝下的态} = (m)^{1/2}\begin{pmatrix}0\\1\\0\\1\end{pmatrix}$$

那么

$$U_{\text{朝上}}\overline{U}_{\text{朝上}} = m\begin{pmatrix}1&0&1&0\\0&0&0&0\\1&0&1&0\\0&0&0&0\end{pmatrix}, \quad U_{\text{朝下}}\overline{U}_{\text{朝下}} = m\begin{pmatrix}0&0&0&0\\0&1&0&1\\0&0&0&0\\0&1&0&1\end{pmatrix}$$

和

$$X = m\begin{pmatrix}1 & 0 & 1 & 0\\0 & 1 & 0 & 1\\1 & 0 & 1 & 0\\0 & 1 & 0 & 1\end{pmatrix} = m(\gamma_t + 1)$$

或者，以不变的形式表示，$X = \not{p} + m$，此式在所有的参考系中都成立.

顺便提一下，理解此式的另一种方式是注意到矩阵乘法的规则可以推出

$$\sum_{U\text{的所有4个态}}(\bar{U}_1 AU)(\bar{U}BU_1) = 2m(\bar{U}_1 ABU_1)$$

U 的四个态不仅仅是我们想要的两个属于 $\not{p}$ 的本征值为 $+m$ 的本征态 $\not{p}U = mU$，还有另外两个属于 $\not{p}$ 的另一个本征值为 $-m$ 的本征态 $\not{p}U' = -mU'$. 但是如果我们记 $A = \bar{M}(\not{p}+m)$，对于不想要的态由于 $AU' = 0$，我们得到零，而对于想要的态则有 $AU = \bar{M}U2m$. 因此

$$\begin{aligned}\sum_{2\text{个态}}(\bar{U}_1\bar{M}U_2)(\bar{U}_2 MU_1) &= \sum_{4\text{个态}}\{\bar{U}_1\bar{M}[(\not{p}_2+m)/2m]U_2\}(\bar{U}_2 MU_1)\\&= [\bar{U}_1 M(\not{p}_2+m)MU_1]\end{aligned}$$

另外，如果入射态是非极化的，则我们必须对 U_1 的两个旋量取平均值. 如果我们现在利用如下事实：

$$\sum_{4\text{个态}}(\bar{U}_i AU_i) = 2m\ \mathrm{spur}A^{①}$$

则会得到

$$\sum_{\text{自旋}1}\sum_{\text{自旋}2}(\bar{U}_1 MU_2)(\bar{U}_2 MU_1) = \mathrm{spur}[\bar{M}(\not{p}_2+m)(\not{p}_1+m)]$$

后面我们会讨论到当我们对自旋态感兴趣时该怎么做.

我们的整个问题已经化简到计算一些 γ 矩阵的不同组合的迹上. 我们如何计算这些迹呢? 注意到(看一下我们前面给出的 γ_t，γ_x，…这些矩阵的对角元的求和)

$$\mathrm{sp}\gamma_t = 0$$
$$\mathrm{sp}\gamma_x = 0$$
$$\mathrm{sp}\gamma_y = 0$$
$$\mathrm{sp}\gamma_z = 0$$

① 这里“spur”和下面的“sp”都代表求迹运算.

对任意两个矩阵 A,B,有

$$\mathrm{sp}AB = \mathrm{sp}BA$$

$$\mathrm{sp}(\alpha A + \beta B) = \alpha\mathrm{sp}A + \beta\mathrm{sp}B \quad (\alpha,\beta \text{ 是复数})$$

利用这个规则,我们得到

$$\mathrm{sp}\gamma_x\gamma_y = \mathrm{sp}\gamma_y\gamma_x$$

但是

$$\gamma_x\gamma_y = -\gamma_y\gamma_x$$

$$\mathrm{sp}\gamma_x\gamma_y = 0$$

只有一个迹不为零——单位矩阵的迹 sp1 = 4.

这是一个很大的简化.为了计算一个很复杂的 γ 矩阵的乘积的迹,我们只需要找到在单位矩阵方向上的分量.(有 16 个线性独立的 γ 矩阵的乘积的组合,任意一个 4×4 的矩阵可以化成这些矩阵的线性组合,就像任意的 2×2 的矩阵可以写成三个泡利旋量矩阵 σ 和单位矩阵的线性组合一样.)

任何奇数个 γ 矩阵的乘积的迹一定为零.为了化简偶数个 γ 矩阵的乘积的迹,我们可以如下进行:

$$\mathrm{sp}(\not{a}\not{b}) = \mathrm{sp}(\not{b}\not{a}) = (1/2)\mathrm{sp}(\not{a}\not{b} + \not{b}\not{a}) = 4(a \cdot b)$$

$$\mathrm{sp}(\not{a}\not{b}\not{c}\not{d}) = -\mathrm{sp}(\not{b}\not{a}\not{c}\not{d}) + 2(a \cdot b)\mathrm{sp}(\not{c}\not{d})$$

$$\mathrm{sp}(\not{b}\not{a}\not{c}\not{d}) = -\mathrm{sp}(\not{b}\not{c}\not{a}\not{d}) + 2(a \cdot c)\mathrm{sp}(\not{b}\not{d})$$

$$\mathrm{sp}(\not{b}\not{c}\not{a}\not{d}) = -\mathrm{sp}(\not{b}\not{c}\not{d}\not{a}) + 2(a \cdot d)\mathrm{sp}(\not{b}\not{c})$$

但是

$$\mathrm{sp}(\not{b}\not{c}\not{d}\not{a}) = \mathrm{sp}(\not{a}\not{b}\not{c}\not{d})$$

$$\mathrm{sp}(\not{a}\not{b}\not{c}\not{d}) = 4[(a \cdot b)(c \cdot d) - (a \cdot c)(b \cdot d) + (a \cdot d)(b \cdot c)]$$

这个想法就是将第一个 γ 矩阵的线性组合移动到最右边,每向右移动一步,利用恒等式

$$\not{a}\not{b} = -\not{b}\not{a} + 2(a \cdot b)$$

当 $\not{a}$ 到达另一边时,我们回到了最初的迹,但是具有相反的符号,因为我们移动了奇数次.剩下的迹是由少了两个 γ 矩阵的乘积给出的,重复整个这个过程直到我们得到单位矩阵.

第 25 章

康普顿效应

为了熟悉求迹的技巧,我们将仔细地计算康普顿效应,一个光子和一个自由电子的散射.有两个图对这个过程有贡献:

$$\text{振幅} = \bar{U}_2 (4\pi)^{1/2} e \not{\varepsilon}_2^* \times [1/(\not{p}_1 + \not{q}_1 - m)] \times (4\pi)^{1/2} e \not{\varepsilon}_1 U_1$$

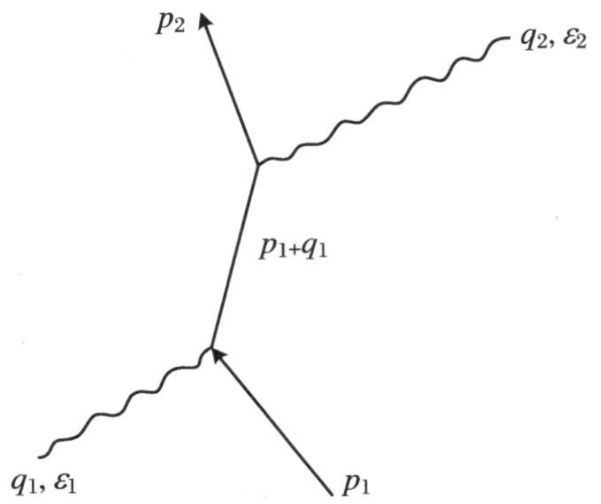

对于复的极化 $\varepsilon_1, \varepsilon_2$:出射的波与 ε_2^*(类似于一个出射的波函数)耦合.由左到右我们有:$(4\pi)^{1/2} e \not{\varepsilon}_1$ 为吸收入射光子的振幅,$1/(\not{p}_1 + \not{q}_1 - m)$为虚电子传播的振幅,$(4\pi)^{1/2} e \not{\varepsilon}_2^*$ 为末态发射出一个光子的振幅.在每一个顶点处,能量和动量必须守恒.总的振幅是电子的

初态和末态之间的矩阵元.加上吸收和发射过程顺序相反的图,我们就会得到 $m = 4\pi e^2 \bar{U}_2 M U_1$,其中

$$M = \not{\varepsilon}_2^* \frac{1}{\not{p}_1 + \not{q}_1 - m} \not{\varepsilon}_1 + \not{\varepsilon}_1 \frac{1}{\not{p}_1 + \not{q}_1 - m} \not{\varepsilon}_2^*$$

这就是问题的全部物理内容,剩下的只是纯代数.首先我们将分母有理化:

$$\frac{1}{\not{p} - m} = \frac{1}{\not{p} - m} \frac{\not{p} + m}{\not{p} + m} = \frac{\not{p} + m}{p^2 - m^2}$$

还有

$$(p_1 + q_1)^2 - m^2 = p_1^2 + 2p_1 \cdot q_1 + q_1^2 - m^2 = 2p_1 \cdot q_1$$
$$(p_1 - q_1)^2 - m^2 = -2p_1 \cdot q_2$$

由此

$$M = \not{\varepsilon}_2^* \frac{(\not{p}_1 + \not{q}_1 + m)\not{\varepsilon}_1}{2p_1 \cdot q_1} - \not{\varepsilon}_1 \frac{(\not{p}_1 - \not{q}_2 + m)\not{\varepsilon}_2^*}{2p_1 \cdot q_2}$$

注意,M 夹在 $\bar{U}_2$ 和 U_1 之间,由于

$$\not{p}_1 U_1 = m U_1$$

我们可以将 $\not{p}_1$移到右边进一步进行化简.注意到

$$\not{p}_1 \not{\varepsilon}_1 = -\not{\varepsilon}_1 \not{p}_1 + 2p_1 \cdot \varepsilon_1$$
$$\not{p}_1 \not{\varepsilon}_2^* = -\not{\varepsilon}_2^* \not{p}_1 + 2p_1 \cdot \varepsilon_2^*$$
$$M = [\not{\varepsilon}_2^* \not{q}_1 \not{\varepsilon}_1 + 2\not{\varepsilon}_2^*(p_1 \cdot \varepsilon_1)]/(2p_1 \cdot q_1) +$$
$$[\not{\varepsilon}_1 \not{q}_2 \not{\varepsilon}_2^* - 2\not{\varepsilon}_1(p_1 \cdot \varepsilon_2^*)]/(2p_1 \cdot q_2)$$

最终,如果选在初始电子静止的参考系的话,由于 ε_1 和 ε_2 是类空的,我们有

$$p_1 \cdot q_1 = m\omega_1$$
$$p_1 \cdot q_2 = m\omega_2$$
$$p_1 \cdot \varepsilon_1 = p_1 \cdot \varepsilon_2^* = 0$$

而且

$$M = (1/2m)[(\not{\varepsilon}_2^* \not{q}_1 \not{\varepsilon}_1/\omega_1) + (\not{\varepsilon}_1 \not{q}_2 \not{\varepsilon}_2^*/\omega_2)]$$

为了计算散射截面,我们需要

$$1/2 \sum_{\text{自旋1}} \sum_{\text{自旋2}} (\bar{U}_1 \bar{M} U_2)(\bar{U}_2 \bar{M} U_1) = 1/2\text{spur}[\bar{M}(\not{p}_2 + m)M(\not{p}_1 + m)]$$

(见第24章).

令

$$A = \mathrm{sp}[\not{\varepsilon}_1^* \not{q}_1 \not{\varepsilon}_2 (\not{p}_2 + m) \not{\varepsilon}_2^* \not{q}_1 \not{\varepsilon}_1 (\not{p}_1 + m)]$$
$$B = \mathrm{sp}[\not{\varepsilon}_1^* \not{q}_1 \not{\varepsilon}_2 (\not{p}_2 + m) \not{\varepsilon}_1 \not{q}_2 \not{\varepsilon}_2^* (\not{p}_1 + m)]$$
$$B = \mathrm{sp}[\not{\varepsilon}_2 \not{q}_2 \not{\varepsilon}_1^* (\not{p}_2 + m) \not{\varepsilon}_2^* \not{q}_1 \not{\varepsilon}_1 (\not{p}_1 + m)]$$
$$D = \mathrm{sp}[\not{\varepsilon}_2 \not{q}_2 \not{\varepsilon}_1^* (\not{p}_2 + m) \not{\varepsilon}_1 \not{q}_2 \not{\varepsilon}_2^* (\not{p}_1 + m)]$$

则

$$1/2\mathrm{sp}[\overline{M}(\not{p}_2 + m)M(\not{p}_1 + m)] = (1/8m^2)[(1/\omega_1^2)A + (1/\omega_1\omega_2)(B + C) + (1/\omega_2^2)D]$$

首先,考虑 A.由于 $\not{\varepsilon}_1 \not{\varepsilon}_1^* = -1$①,我们试着将两个$\not{\varepsilon}_1$结合到一起.注意到 $\not{p}_1 \not{\varepsilon}_1 = -\not{\varepsilon}_1 \not{p}_1$,则有

$$\begin{aligned} A &= \mathrm{sp}[\not{\varepsilon}_1^* \not{q}_1 \not{\varepsilon}_2 (\not{p}_2 + m) \not{\varepsilon}_2^* \not{q}_1 \not{\varepsilon}_1 (\not{p}_1 + m)] \\ &= \mathrm{sp}[\not{q}_1 \not{\varepsilon}_2 (\not{p}_2 + m) \not{\varepsilon}_2^* \not{q}_1 (\not{p}_1 - m)] \\ &= 2(p_2 \cdot \varepsilon_2^*)\mathrm{sp}[\not{q}_1 \not{\varepsilon}_2 \not{q}_1 (\not{p}_1 - m)] + \mathrm{sp}[\not{q}_1 (\not{p}_2 - m) \not{q}_1 (\not{p}_1 - m)] \end{aligned}$$

现在我们利用

$$\mathrm{sp}\, \not{a}\not{b} = 4a \cdot b$$
$$\mathrm{sp}\, \not{a}\not{b}\not{c}\not{d} = 4[(a \cdot b)(c \cdot d) - (a \cdot c)(b \cdot d) + (a \cdot d)(b \cdot c)]$$

可以得到

$$A = 8[2(p_2 \cdot \varepsilon_2^*)(q_1 \cdot \varepsilon_2) + (q_1 \cdot p_2)](q_1 \cdot p_1)$$

如果我们交换 $\varepsilon_1 \leftrightarrow \varepsilon_2$,$q_1 \leftrightarrow q_2$,则得到

$$D = 8[2(p_2 \cdot \varepsilon_1^*)(q_2 \cdot \varepsilon_1) + (q_2 \cdot p_2)](q_2 \cdot p_1)$$

对于 $p_1 = (m, 0)$,有

$$p_2 \cdot \varepsilon_2 = q_1 \cdot \varepsilon_2, \quad p_2 \cdot \varepsilon_1 = -q_2 \cdot \varepsilon_1$$
$$q_1 \cdot p_2 = m\omega_2, \quad q_2 \cdot p_2 = m\omega_1$$

于是

$$A = 8m\omega_1[2|(q_1 \cdot \varepsilon_2)|^2 + m\omega_2]$$
$$D = 8m\omega_2[-2|(q_2 \cdot \varepsilon_1)|^2 + m\omega_1]$$

---

① 译者注:此关系只有 ε_1 是实的即线性极化时候才成立.

接下来,考虑 B.我们先把 $\not{\varepsilon}_1$移动到右边:

$$\begin{aligned} B &= \mathrm{sp}[\not{\varepsilon}_1^* \not{q}_1 \not{\varepsilon}_2 (\not{p}_2 + m) \not{\varepsilon}_1 \not{q}_2 \not{\varepsilon}_2^* (\not{p}_1 + m)] \\ &= 2(\varepsilon_1 \cdot q_2)\{\mathrm{sp}[\not{\varepsilon}_1^* \not{q}_1 \not{\varepsilon}_2 (\not{p}_2 + m) \not{\varepsilon}_2^* (\not{p}_1 + m)] = \alpha\} \\ &\quad - 2(\varepsilon_1 \cdot \varepsilon_2^*)\{\mathrm{sp}[\not{\varepsilon}_1^* \not{q}_1 \not{\varepsilon}_2 (\not{p}_2 + m) \not{q}_2 (\not{p}_1 + m)] = \beta\} \\ &\quad + \{\mathrm{sp}[\not{q}_1 \not{\varepsilon}_2 (\not{p}_2 + m) \not{q}_2 \not{\varepsilon}_2^* (\not{p}_1 - m)] = \gamma\} \end{aligned}$$

在 α 和 γ 中将 $\not{\varepsilon}_2$移动到右边并对 β 做替换 $\not{p}_2 = \not{p}_1 + \not{q}_1 - \not{q}_2$,我们得到

$$\begin{aligned} \alpha &= 2(p_2 \cdot \varepsilon_2^*)\mathrm{sp}[\not{\varepsilon}_1^* \not{q}_1 \not{\varepsilon}_2 (\not{p}_1 + m)] - \mathrm{sp}[\not{\varepsilon}_1^* \not{q}_1 (\not{p}_2 - m)(\not{p}_1 + m)] \\ \beta &= \mathrm{sp}[\not{\varepsilon}_1^* \not{q}_1 \not{\varepsilon}_2 (\not{p}_1 + m) \not{q}_2 (\not{p}_1 + m)] + \mathrm{sp}[\not{\varepsilon}_1^* \not{q}_1 \not{\varepsilon}_2 \not{q}_1 \not{q}_2 (\not{p}_1 + m)] \\ &= 2(p_1 \cdot q_2)\mathrm{sp}[\not{\varepsilon}_1^* \not{q}_1 \not{\varepsilon}_2 (\not{p}_1 + m)] + 2(q_1 \cdot \varepsilon_2)\mathrm{sp}[\not{\varepsilon}_1^* \not{q}_1 \not{q}_2 (\not{p}_1 + m)] \\ \gamma &= 2(p_2 \cdot \varepsilon_2)\mathrm{sp}[\not{q}_1 \not{q}_2 \not{\varepsilon}_2^* (\not{p}_1 - m)] - \mathrm{sp}[\not{q}_1 (\not{p}_2 - m) \not{q}_2 (\not{p}_1 - m)] \end{aligned}$$

求迹后我们得到

$$\begin{aligned} \alpha &= 4\{2(\varepsilon_2^* \cdot p_2)[-(\varepsilon_1^* \cdot \varepsilon_2)(q_1 \cdot p_1) + (\varepsilon_1^* \cdot p_1)(q_1 \cdot \varepsilon_2)] \\ &\quad - (\varepsilon_1^* \cdot p_2) \times (q_1 \cdot p_1) + (\varepsilon_1^* \cdot p_1)(q_1 \cdot p_2)\} \\ &= 4\{2(\varepsilon_2^* \cdot q_1)[-(\varepsilon_1^* \cdot \varepsilon_2)] + (\varepsilon_1^* \cdot q_2)\} m\omega_1 \\ \beta &= 4\{2(p_1 \cdot q_2)[-(\varepsilon_1^* \cdot \varepsilon_2)(q_1 \cdot p_1) + (\varepsilon_1^* \cdot p_1)(q_1 \cdot \varepsilon_2)] \\ &\quad + 2(q_1 \cdot \varepsilon_2)[-(\varepsilon_1^* \cdot q_2)(q_1 \cdot p_1) + (\varepsilon_1^* \cdot p_1)(q_1 \cdot q_2)]\} \\ &= 4\{2m\omega_2(-\varepsilon_1^* \cdot \varepsilon_2) + 2(q_1 \cdot \varepsilon_2)[-(\varepsilon_1^* \cdot q_2)]\} m\omega_1 \\ \gamma &= 4\{2(p_2 \cdot \varepsilon_2)[(q_1 \cdot q_2)(\varepsilon_2^* \cdot p_1) - (q_1 \cdot \varepsilon_2^*)(q_2 \cdot p_1)] - (q_1 \cdot p_2)(q_2 \cdot p_1) \\ &\quad + (q_1 \cdot q_2)(p_2 \cdot p_1) - (q_1 \cdot p_1)(p_2 \cdot q_2) - m^2(q_1 \cdot q_2)\} \\ &= 4\{2(q_1 \cdot \varepsilon_2^*)(-q_1 \cdot \varepsilon_2)\omega_2 m - (q_1 \cdot p_2)\omega_2 m \\ &\quad + (q_1 \cdot q_2)(p_1 \cdot p_2) - \omega_1 m(p_2 \cdot q_2) - m^2 q_1 \cdot q_2\} \\ &= 4\{2(q_1 \cdot \varepsilon_2^*)(-q_1 \cdot \varepsilon_2)\omega_2 m - (\omega_1^2 + \omega_2^2)m^2 + (q_1 \cdot q_2)(p_1 \cdot p_2 - m^2)\} \end{aligned}$$

最后一项可以通过如下替换化简:

$$\begin{aligned} q_1 \cdot q_2 &= -1/2(q_1 - q_2)^2 = -1/2(p_1 - p_2)^2 = p_1 \cdot p_2 - m^2 \\ &= m(\omega_1 - \omega_2) \\ \gamma &= 4\{2(q_1 \cdot \varepsilon_2^*)(-q_1 \cdot \varepsilon_2)\omega_2 - 2\omega_1\omega_2\} m \end{aligned}$$

最后,可得

$$\begin{aligned} B = 8\{&|\varepsilon_1 \cdot q_2|^2 m\omega_1 - |q_1 \cdot \varepsilon_2|^2 m\omega_2 + m\omega_1 m\omega_2 (2|\varepsilon_1 \cdot \varepsilon_2^*|^2 - 1) + \\ &[2(\varepsilon_1^* \cdot \varepsilon_2)(\varepsilon_2^* \cdot q_1)(\varepsilon_1 \cdot q_2) - 2(\varepsilon_1 \cdot \varepsilon_2^*)(\varepsilon_2 \cdot q_1)(\varepsilon_1^* \cdot q_2)] m\omega_1\} \end{aligned}$$

C 做类似的计算给出 $B^* = C$（这使得 B 中的最后两项在 $B+C$ 中被消掉了）. 注意这个结果不能仅仅通过在 B 最后的结果中做交换 $\varepsilon_1 \leftrightarrow \varepsilon_2$ 和 $q_1 \leftrightarrow q_2$ 得到，这是因为我们是在一个特殊的参考系中得到的，即 $p_1 = (m, 0)$ 的参考系.（通过将 B 中所有因子的顺序反过来得到的.）综合我们的结果，得到

$$
\begin{aligned}
&1/2\text{spur}[\overline{M}(\not{p}_2 + m)(M(\not{p}_1 + m)] \\
&\quad = (1/m^2)[(m/\omega_1)(2 \mid q_1 \cdot \varepsilon_2 \mid^2 + m\omega_2) + (m/\omega_2)(-2 \mid q_2 \cdot \varepsilon_1 \mid^2 + m\omega_1)] + \\
&\qquad 2/(m^2\omega_1\omega_2)[\mid \varepsilon_1 \cdot q_2 \mid^2 m\omega_1 - \mid q_1 \cdot \varepsilon_2 \mid^2 m\omega_2 + m\omega_1 m\omega_2 \times (2 \mid \varepsilon_1 \cdot \varepsilon_2 \mid^2 - 1)] \\
&\quad = [\omega_1/\omega_2 + \omega_2/\omega_1 - 2 + 4(\varepsilon_1 \cdot \varepsilon_2^*)(\varepsilon_1^* \cdot \varepsilon_2)]
\end{aligned}
$$

散射截面由下式给出（见第 16 章）：

$$
\mathrm{d}\sigma = [(4\pi)^2 e^4 / 2^4 m\omega_1 E_2 \omega_2](\omega_1/\omega_2 + \omega_2/\omega_1 - 2 + 4 \mid \varepsilon_1 \cdot \varepsilon_2^* \mid^2) \times 2\pi D
$$

D 是末态的单位区间的态密度

$$
\begin{aligned}
&D = E_2 \omega_2^3 \mathrm{d}\Omega / (2\pi)^3 m\omega_1, \quad E_2 = m + \omega_1 - \omega_2 \\
&1/\omega_2 = 1/\omega_1 + (1/m)(1 - \cos\theta)
\end{aligned}
$$

θ 是入射和出射光子的夹角. 代入 $\mathrm{d}\sigma$，我们最终得到

$$
\begin{aligned}
&\mathrm{d}\sigma/\mathrm{d}\Omega = (r_0^2/4)(\omega_2/\omega_1)^2[(\omega_1/\omega_2) + (\omega_2/\omega_1) - 2 + 4 \mid \varepsilon_1 \cdot \varepsilon_2^* \mid^2] \\
&r_0 = e^2/m
\end{aligned}
$$

在非相对论极限（$\omega_1 \ll m$）下，我们有 $\omega_1 \approx \omega_2$，而且散射截面约化为标量粒子的

$$
\mathrm{d}\sigma/\mathrm{d}\Omega = r_0^2(\omega_2/\omega_1)^2 \mid \varepsilon_1 \cdot \varepsilon_2^* \mid^2
$$

而在极端相对论极限（$\omega_1 \gg m$）下，我们有 $\omega_2 \approx m \ll \omega_1$（除了 $\theta = 0$ 附近），以及

$$
\mathrm{d}\sigma/\mathrm{d}\Omega = (r_0^2/4)(\omega_2/\omega_1)
$$

物理上，这意味着相互作用在非相对论极限下主要是通过电荷发生的，而在极端相对论极限下主要是通过电子的磁矩.

第 26 章

μ 子导致的直接对产生

作为另一个例子,考虑 μ 子撞击一个质量为 M、自旋为 0、电荷为 Ze 的很重的原子核导致的直接对产生.在实验室系,这个过程就像图 26.1 中一样.

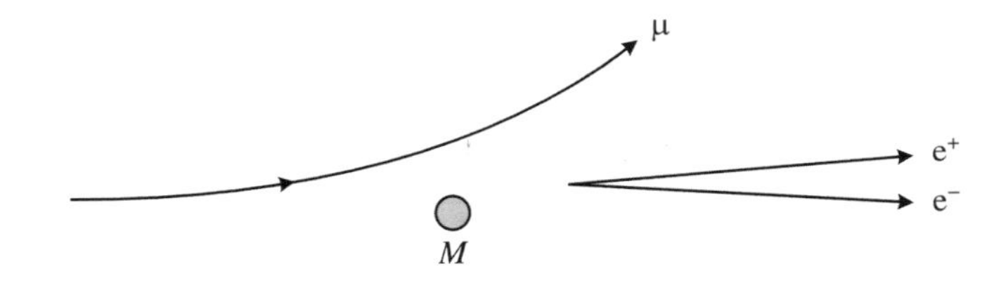

图 26.1

对这个直接的对产生有重要贡献的过程由图 26.2(a)和(b)给出.注意 $-q_1$ 是正电子的实动量.由守恒定律可得

$$k_1 = P_1 - P_2$$

$$k_2 = p_1 - p_2$$

$$q_1 + p_1 + P_1 = q_2 + p_2 + P_2$$

还有另外两种使得对产生发生的方式(图 26.2(c)和图 26.2(d)).我们只是声明它们在我们这里考虑的情形下可以忽略不计.图 26.2(c)和(d)可以被忽略的本质原因是重粒子很难发射光子.对于电子导致的直接对产生,这个论点不成立,所以图 26.2(c)会变得重要.

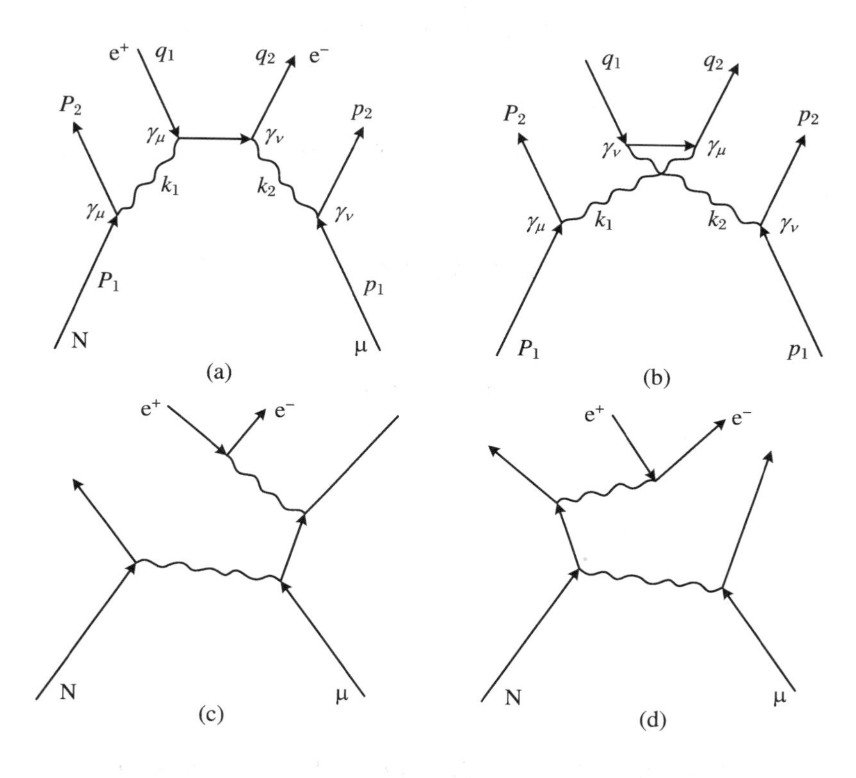

图 26.2

对于图 26.2(a),其振幅是

$$4\pi e^2 Z\{\bar{U}(q_2)\gamma_\nu[1/(\not{q}_1+\not{k}_1-m)]\gamma_\mu U(q_1)\}(1/k_1^2)(1/k_2^2)\times [\bar{U}(p_2)\gamma_\nu U(p_1)](P_{1_\mu}+P_{2_\mu})$$

我们是沿着每个粒子的世界线来导出这个结果的.$U(p_1)$,$U(p_2)$表示 μ 子的状态,$U(q_1)$,$U(q_2)$表示电子的状态,m 是电子的质量.

图 26.2(b)的振幅有一点不同,是

$$4\pi e^2 Z\{\bar{U}(q_2)\gamma_\mu[1/(\not{q}_1+\not{k}_2-m)]\gamma_\nu U(q_1)\}(1/k_1^2)(1/k_2^2)\times[\bar{U}(p_2)\gamma_\nu U(p_1)](P_{1_\mu}+P_{2_\mu})$$

现在如果 M 非常大,则

$$P_{1_\mu} = P_{2_\mu} = M\delta_{\mu 4}$$

这个近似对应于忽略原子核的反冲.我们现在来说明忽略反冲等价于仅仅考虑到与原子核的库仑相互作用.假设原子核起初是静止的.由于 $P_2 = P_1 + k_1$,我们有

$$2P_1 \cdot k_1 + k_1^2 = 0$$

或

$$2M\omega_1 + \omega_1^2 - \boldsymbol{K}_1^2 = 0$$

使得

$$\omega_1 \cong \boldsymbol{K}_1^2/2M = 0$$

由此,有

$$1/k_1^2 \cong -1/\boldsymbol{K}_1^2$$

后一形式就是动量空间中的库仑势.

也可以把周围电子对原子核的屏蔽考虑进去,比如将 $1/\boldsymbol{K}_1^2$ 用一个有效势的傅里叶变换代替.例如,如果 $V(r) = (Ze^2/r)\exp(-\alpha r)$,则近似的形式为

$$1/(K_1^2 + \alpha^2)$$

我们已经假设原子核的自旋是 0[发射一个光子的振幅是$(4\pi)^{1/2}Ze(P_1 + P_2)\cdot\varepsilon$].如果原子核的自旋为 1/2,那么发出一个光子的振幅是$(4\pi)^{1/2}Ze\bar{U}(P_2)\not{\varepsilon}U(P_1)$.我们有

$$\bar{U}(P_2)\gamma_\mu U(P_1) = (1/2M)\bar{U}(P_2)(\not{P}_2\gamma_\mu + \gamma_\mu\not{P}_1)U(P_1)$$

代入 $k_1 = P_2 - P_1$,我们得到

$$\begin{aligned}\bar{U}(P_2)\gamma_\mu U(P_1) =& (1/2M)(P_{1_\mu} + P_{2_\mu})\bar{U}(P_2)U(P_1)\\ &+ (1/4M)\bar{U}(P_2)(\not{k}_1\gamma_\mu - \gamma_\mu\not{k}_1)U(P_1)\end{aligned}$$

第一项是电荷的贡献.在 $M\to\infty$ 的极限下,$\bar{U}(P_2)U(P_1) = 2M$(没有自旋反转),我们得到与 0-自旋时相同的结果.第二项是磁矩的贡献,正比于反冲动量,在这里可以忽略.

第 27 章

高阶过程

考虑两个电子的散射.最低阶的贡献对应于下图：

$$振幅 = [(4\pi)^{1/2}e]^2(\bar{U}_4\gamma_\mu U_3)(\bar{U}_2\gamma_\mu U_1)\times(1/q^2)$$
$$q = p_2 - p_1$$

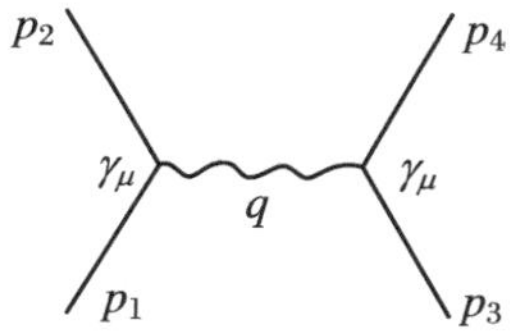

p_2 p_4 γ_μ q γ_μ p_1 p_3

和“交换”的图.

现在假设我们想知道更加精确的结果，那么就需要考虑图 27.1 中的两个图.

图 27.1(a)的振幅是

$$[(4\pi)^{1/2}e]^4\int\{\bar{U}_4\gamma_\nu[1/(\not{p}_3+\not{k}-m)]\gamma_\mu U_3\}\{\bar{U}_2\gamma_\nu[1/(\not{p}_1-\not{k}-m)]\gamma_\mu U_1\}\times (1/k^2)[1/(q-k)^2][\mathrm{d}^4k/(2\pi)^4]$$

注意，我们对振幅的中间态所有可能的光子动量进行了积分.因子 $1/k^2$ 与 $1/(q-k)^2$ 对应于光子的传播子.写下括号中的因子顺序的约定是，矩阵元中从右到左对应的是沿着每一条外部粒子线的箭头方向.对每一条由外部粒子出发的线都是互相独立进行的. 这样,因子$\{\bar{U}_2\gamma_\nu[1/(\not{p}_1-\not{k}-m)]\gamma_\mu U_1\}$表示一个处于状态 U_1 的粒子发出一个极化 μ 分量(因子 γ_μ)、动量为 k 的光子,在以 $1/(\not{p}_1-\not{k}-m)$传播之后,与另一个虚光子(γ_ν)散射到 U_2 状态.

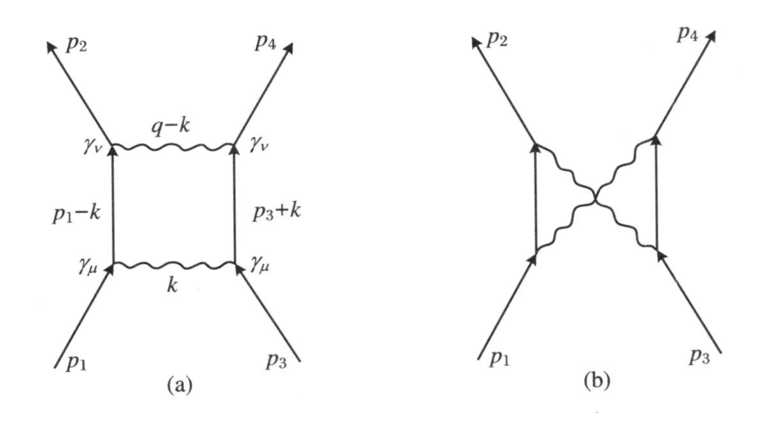

图 27.1

这个积分可以被计算出. 它在大动量 k 时行为如$\int^\infty (k^3 \mathrm{d}k/k^6)$,所以是收敛的. 然而在小动量时有麻烦,但是这有一个好的物理解释. 当我们想要得到没有光子发出的过程的振幅时,正如图 27.1 所暗示的,实际上我们是在问一个错误的问题. 我们不可能在散射两个电子的同时没有低能的光子发出. 我们反而应该问:放出不大于 $\Delta\varepsilon$ 的能量的辐射的概率是多少. 这等于没有光子发出的概率加上发出一个能量为 $E_1<\Delta\varepsilon$ 的光子的概率再加上发出总能量为 $E_2<\Delta\varepsilon$ 的两个光子的概率,等等. 前两项分别在 e^6 阶发散,但是如果将它们加起来,就会得到一个有限的 e^6 阶的结果.

例如,对于小 ω,发射光子的振幅按$\int(\mathrm{d}\omega/\omega)$ 变化. 如果我们截断在下限 x 处,对于图 27.1(a) 和(b) 中的振幅同样截断,那么在结果中 x 将会被消掉,使得 $x\to 0$ 的极限可以取到. 但是这个直接的操作不是很容易保持相对论不变性,从而会带来麻烦.

取而代之,我们假设光子有一个小质量(质量是洛伦兹不变的)λ. 这样,在光子传播子中,我们替换 k^2 为 $k^2-\lambda^2$. 那么图 27.1 中(a)和(b)的振幅包含一项 $\ln(m/\lambda)$.

现在考虑最低阶的振幅和图 27.1 中(a)和(b)的振幅,其交叉项正比于 e^6.

那么,没有光子放出的概率正比于 $e^4+ae^6\ln(m/\lambda)$,其中 a 是一个大于 0 的数.

现在,对于图 27.2,我们得到发出一个 $E<\Delta\varepsilon$ 的光子的概率是

$$-e^6 a\ln(\Delta\varepsilon/\lambda)$$

其他的数值因子相同.

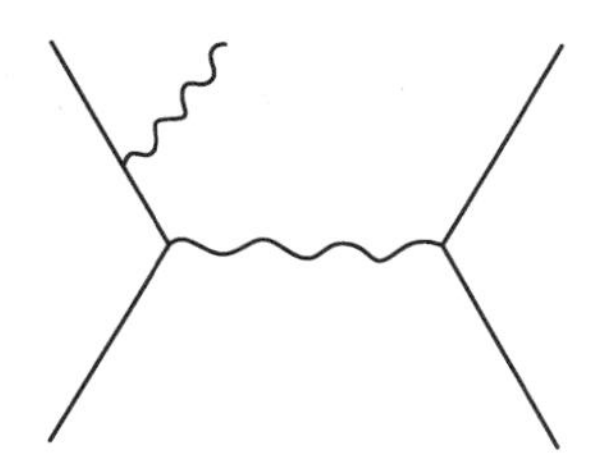

图 27.2

这样,加起来,在 e^6 阶中 λ 被消掉了.如果我们问了正确的问题,那么所有的这种发散(称作红外灾难)消失了.布洛赫(Bloch)和诺德西克(Nordsieck)首先看出了这个问题的答案.

可能有这种反对意见,在 $\lambda\to 0$ 且 $e^2\ln(m/\lambda)\to\infty$ 时,微扰论已经不适用了.但我们仍然在实际工作中有回旋的余地.我们可以问当 λ 是多小的时候这个修正不是很小.这样,我们要求

$$e^2\ln(m/\lambda)\ll 1$$

或

$$\lambda/m \ll e^{-137}\approx 10^{-60}$$
$$\lambda \ll 10^{-60}m$$

我们看到所谓的红外灾难实际上已经完全不是灾难了.

下面,我们来考察一类全新的图.电子发出的一个光子可以被同一个电子所吸收.

这种过程的一个例子如图 27.3 所示.

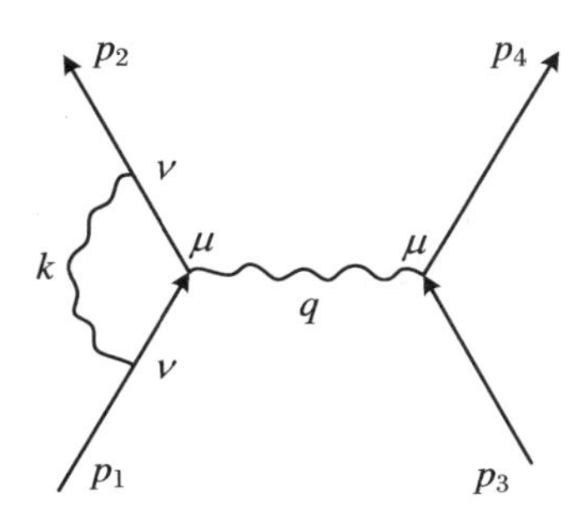

图 27.3

振幅为

$$[(4\pi)^{1/2}e]^4\int(\bar{U}_4\gamma_\mu U_3)\{\bar{U}_2\gamma_\nu[1/(\not{p}_2-\not{k}-m)]\gamma_\mu[1/(\not{p}_1-\not{k}-m)]\gamma_\nu U_1\}\times (1/q^2)(1/k^2)[\mathrm{d}^4k/(2\pi)^4]$$

现在我们遇到了一个"痼疾"——麻烦！对于大 k，积分的行为如

$$\int k^3\mathrm{d}k/k^4$$

因为严格来说我们要对所有的 k 积分，而这个积分对于大 k 是对数型发散.

为了和前一个灾难相区别，我们把这种情形称为紫外灾难.与前面的情形不同，这个是真正的灾难，它并没有被解决.但是我们确实有一种方法来掩人耳目：首先，我们画出所有的四阶的图(图 27.4).还有一个，对应于另外一个"痼疾"，称之为真空极化(图 27.5).

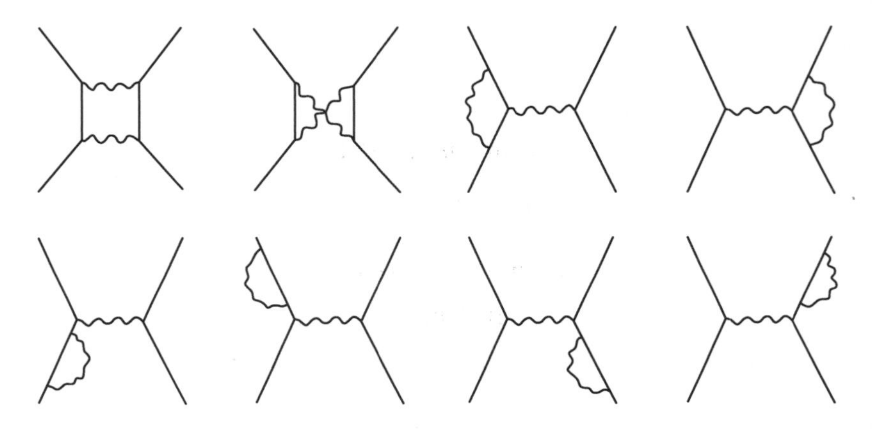

图 27.4

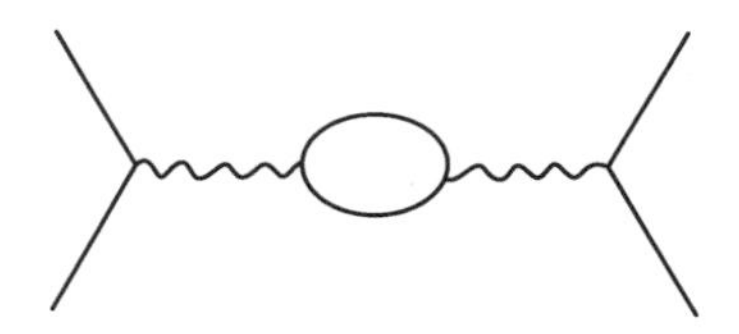

图 27.5

在我们处理这些问题之前，考虑一个简单的情形.在两阶时，我们有图 27.6，对应于电子对虚的光子的发射和吸收.

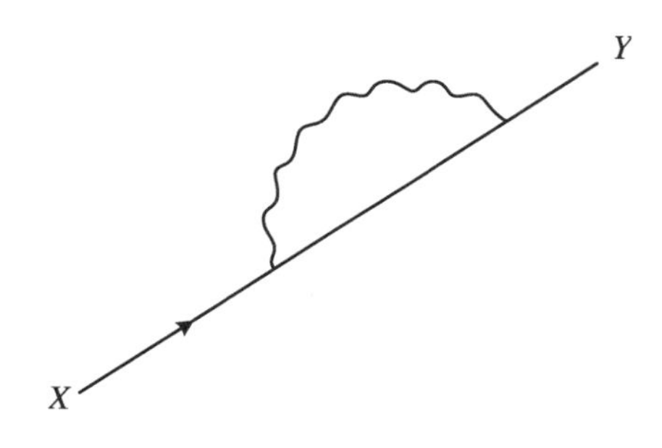

图 27.6

现在没有粒子是自由的.对于一个电子由 X 传播到 Y,自由粒子的传播子的极点在 $p^2=m^2$ 处.但是,在 X 和 Y 处进行测量,我们不能知道是否电子发射或吸收过某些数目的光子.这种过程,最简单的如图 27.6 所示,引起了极点的移动.物理上,这意味着我们测量到的质量("实验的"质量,$m_{\exp}$)不是"裸"质量,而是包含了上面提到的虚过程效应的另外的量.数学上,我们定义"实验的"质量为当上面的过程被考虑进去之后的传播子的极点的位置.这个讨论表明"裸"质量(我们现在将其记为 m_0)实际上并不是可以直接观测的.利用这个事实,我们可以提出一个方案来绕过(但并没有"解决")电动力学中的发散困难.这个操作并不对人们所发明出来的所有理论都有效;例如,赝矢量介子理论.

第 28 章

电子自能

电子自能是一个老问题,它出现在经典物理中.如果假设电子是一个半径为 a 的小球,电荷分布在其表面上,那么总的静电能为 $E_0 = e^2/2a$.也许电子的质量 m 对应于这个能量.然而,当电子以速度 V 运动时,如果计算场所携带的动量 P(考虑球体的洛伦兹收缩),你会得到 $P = (4/3)E_0 V/(1 - V^2)^{1/2}$.这对应于一个质量 $m = (2/3)e^2/a$ 的粒子.庞加莱(Poincare)曾猜想必定有某种力使小球结合在一起,并且其贡献了大量的额外储能.但尚无关于这些力的可靠理论.

这个自能源于"聚集"电荷而需要的能量.从某个角度看,它是电子电荷的一部分和另一部分之间相互作用的能量.首先的一个解决方法似乎是否认电子可以作用于自身——假设电子只作用于彼此(这样,电子可能是点电荷).不过为了解释一个实际存在的现象,即辐射阻尼,我们需要电子对自身的作用.加速的电荷会辐射、失去能量,所以加速的力一定做功.那么抵抗什么呢? 根据经典物理,抵抗电荷的一部分与另一部分之间相互作用而产生的力.

你能算出因为球的一部分和另一部分的电磁场之间相互作用而施加在运动电荷球上的力 F,它为

$$F = \frac{2}{3}(e^2/a)\ddot{\chi} + \frac{2}{3}(e^2/c^3)\dddot{\chi} + 0(a)$$

第一项和利用场的动量算出的质量一致.第二项是因为电子发出辐射而导致的反作用力,其不依赖于 a.但是取 $a \to 0$ 时,结果会出现矛盾.一个延展的电荷从没有被彻底分析过,还有内部运动等问题.经典上,这些问题实际已有多种方法解决,但是延伸到量子力学后,这些方法没有一种是成功的.(见参考文献[10])

质量重整化 我们现在讨论这个问题在量子力学中的类比,即质量重整化.考虑电子在两个顶角 X 和 Y 之间传播的振幅,最低阶的图是

$$\text{振幅} = Y\frac{1}{\not{p} - m}X$$

也有可能电子在从 X 到 Y 的过程中先放出,然后再吸收一个虚光子

$$\begin{aligned}\text{振幅} &= Y4\pi e^2\int \frac{1}{\not{p} - m}\gamma_\mu \frac{1}{\not{p} - \not{k} - m}\gamma_\mu \frac{1}{k^2}\frac{1}{\not{p} - m} \times \frac{\mathrm{d}^4 k}{(2\pi)^4}X \\ &= Y\frac{1}{\not{p} - m}C\frac{1}{\not{p} - m}X\end{aligned}$$

这里

$$C = 4\pi e^2\int \gamma_\mu \frac{1}{\not{p} - \not{k} - m}\gamma_\mu \frac{1}{k^2}\frac{\mathrm{d}^4 k}{(2\pi)^4}$$

C 是形如 $C = A(p^2)\not{p} + B(p^2)$ 的一个不变量.它的物理含义是什么?假设 C 是小量,那么我们可将前两项写为

$$Y\frac{1}{\not{p} - m}X + Y\frac{1}{\not{p} - m}C\frac{1}{\not{p} - m}X = Y\frac{1}{\not{p} - m - C}X$$

这是利用了

$$\frac{1}{\not{p} - m - C} = \frac{1}{\not{p} - m} + \frac{1}{\not{p} - m}C\frac{1}{\not{p} - m} + \frac{1}{\not{p} - m}C\frac{1}{\not{p} - m}C\frac{1}{\not{p} - m} + \cdots$$

(任何两个算符 A,B 一般关系的一个特殊情况是

$$\frac{1}{A-B}=\frac{1}{A}+\frac{1}{A}B\frac{1}{A}+\frac{1}{A}B\frac{1}{A}B\frac{1}{A}+\cdots)$$

如果 C 只是一个数，我们可以把它看作对质量的修正. 这个级数的第一项和第二项分别表示电子传播子带有零个和一个虚光子的振幅. 容易证明第三项是来自两光子的贡献.

$$\text{振幅}=Y\frac{1}{\not p-m}C\frac{1}{\not p-m}C\frac{1}{\not p-m}X$$

第四项是三光子，等等. 然而这些图只包括了在任意给定时刻只有一个光子的过程. 例如，图 28.1 给出了其他两种包含两个虚光子的过程.

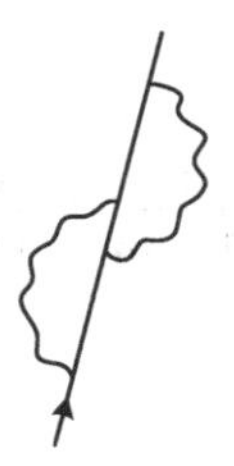

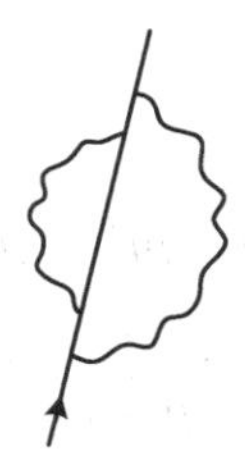

图 28.1

我们暂时不管这些图；当我们将电子在 X 和 Y 之间传播子的总振幅写成如下形式时，即

$$\frac{1}{\not p-m-C}=\frac{1}{\not p-m-A\not p-B}$$

它们对 C 的贡献是 e^4 阶的，这里 A 和 B 是 p^2 的函数. 这个传播子的极点给出自由粒子的能量和动量之间的关系，由此得到实验上观测的质量 $m_{\exp}$.

通过有理化

$$\frac{1}{(1-A)\not p-(m+B)}=\frac{(1-A)\not p+(m+B)}{(1-A)^2p^2-(m+B)^2}$$

我们发现极点是方程

$$[1 - A(p^2)]^2 p^2 - [m + B(p^2)]^2 = 0$$

的解.顺便说一句,如果碰上不只一个极点,这可解释为别的粒子(也许是 μ 子).假设 $A \ll 1$ 且 $B \ll m$,则可设 $A(p^2) = A(m^2)$ 和 $B(p^2) = B(m^2)$.这样,有

$$p^2 = \left[\frac{m + B(m^2)}{1 - A(m^2)}\right]^2 = m_{\exp}^2$$

或

$$m_{\exp} = (m + B)/(1 - A) = m + \delta m$$

$$\delta m = B(m^2) + mA(m^2)$$

这里传播子在 $\not{p} = m_{\exp}$ 处有一个极点,所以当 p^2 接近于 $m_{\exp}^2$ 时,它表现为某个常数(极点处的留数)乘以 $(\not{p} - m_{\exp})^{-1}$.将 $p^2 = m_{\exp}^2$ 处的留数表示为 $1 + r$,我们可将传播子写为

$$(1 + r)/(\not{p} - m_{\exp})$$

[r 可用 A,B 以及它们的导数 $A'(p^2)$,$B'(p^2)$ 在 $p^2 = m_{\exp}^2$ 处的值表示出来].偏离通常形式 $(\not{p} - m_{\exp})$ 的改变可解释光子耦合强度的修正(见参考文献[11])[如果每一个光子耦合的强度是 $(1 + r)^{1/2}$,那么每一个传播子中都会出现一项 $(1 + r)$].当然,下一步是要计算函数 A 和 B.为此,我们需要计算积分

$$\int \gamma_\mu \frac{\not{p} - \not{k} + m}{p^2 - 2p \cdot k + k^2 - m^2} \gamma_\mu \frac{\mathrm{d}^4 k}{k^2}$$

利用关系

$$\gamma_\mu \gamma_\mu = 4$$

$$\gamma_\mu \not{a} \gamma_\mu = -2\not{a}$$

消去 γ_μ.对于 δm,应该令 $p^2 = m^2$,这样我们就得到

$$\int \frac{-2(\not{p} - \not{k}) + 4m}{-2p \cdot k + k^2} \frac{\mathrm{d}^4 k}{k^2}$$

这个积分发散.让我们来看看 k 很大时它的值,这时第一个分母可以近似为 k^2,那么包含 $\not{k}$ 的项由于对称性会消去.对于大动量 k,被积函数中保留下来的项正比于 $k^3 \mathrm{d}k / k^4$,因此积分是对数发散的.量子电动力学遭受严重挫折!

贝特注意到这是存在于量子电动力学中唯一的无穷大量(除了后面我们将要讨论的另一个).假设我们有一个规则,使得积分暂时收敛.例如,我们可以认为传播子 $1/k^2$ 总

是被乘以一个相对论不变的收敛因子 $C(k^2)$.

如果我们让

$$C(k^2) = -[\lambda^2/(k^2 - \lambda^2)]$$

(对于较小的 k^2,这个因子将取 1,但对于较大的 k^2,它将截断积分)积分能够算出,结果为(计算方法见参考文献[11])

$$\delta m = m(3e^2/2\pi)[3\ln(\lambda/m) + 3/4]$$

这里忽略了 m/λ 阶的项.

如果计算任何过程到高阶,你会得到一个正比于 $\ln(\lambda/m)$ 的项(没问题,对于只和光子相互作用的自旋为 1/2 的电子不会导致比对数发散更糟糕的情形).现在无论你在哪里看到 m,将其替换为 $m_{\text{exp}} - \delta m$ 并且展开至 δm 的一阶,那么一个奇迹是 $\ln(\lambda/m)$ 项的系数恒为零.剩下的项在 $\lambda \to \infty$ 时具有确定的极限.换句话说,如果我们总是将一个问题的解用实验观测质量来表达且 $\lambda \to \infty$ 时保持 m_{exp} 固定,那么截断参数 λ 的大小则不再出现.

利用类似的想法,贝特尝试计算氢原子中由于束缚电子的自能而导致的能级移动.这是受到卢瑟福(Rutherford)和兰姆(Lamb)实验的推动.利用微波技术,他们观测到氢原子中 $2s_{1/2}$ 和 $2p_{1/2}$ 能级大约有 1000 Mc 的间隔.如果忽略和辐射场的相互作用,这些能级是完全简并的.贝特采用非相对论近似做了一个不完全的计算.1948~1949 年量子电动力学的迅猛发展得益于尝试用相对论不变的方式来表达他和维斯科普夫的思想,从而完成他的计算.

我们发现另一规则必须包括在量子电动力学中:(1) 对每一个传播子 $1/k^2$ 引入一个任意的截断因子 $C(k^2) = -[\lambda^2/(k^2 - \lambda^2)]$;(2) 将一切用 $m_{\text{exp}} = m - \delta m$ 表示;(3) 取 $\lambda \to \infty$ 的极限且维持 m_{exp} 不变.

施温格(Schwinger)在被积函数阶段减掉无穷大,但这在实际运用中是极端困难的.事实上他的方法和上面提到的规则完全等价.

这个程序有什么问题吗?它只是一个看起来"脏兮兮"的处理方案.维斯科普夫曾经说过,只有上帝给了我们一个带电和不带电的电子,我们才会被迫去计算 δm.

实际上在现实世界中有一些例子,截断技术不再有效,如 π^+,π^0 和 π^-.π^+ 和 π^0 在质量上不同但对其的计算出现二次发散.我们做这个计算时将它们当作点粒子来处理.事实上,我们应该包括核子对构成的云的贡献,并且有人相信这能抵消发散.然而这还从未被证明.

第 29 章

量子电动力学

在量子电动力学中，我们是否能将传播子 $1/k^2$ 替换为

$$-\frac{1}{k^2}\frac{\lambda^2}{(k^2-\lambda^2)}$$

同时保持 λ 有限呢？这样理论将没有发散，并且可以将 λ 作为一个新的常数引进来. 不幸的是，这样的理论内部是不自洽的. 例如，假设有一个处于激发态的原子. 现在我们计算两种概率：(1) 它衰变的概率(即辐射光子)；(2) 它留在激发态上的概率. 这些概率之和以一个正比于 m^2/λ^2 的因子偏离 1，概率不守恒！如果将修正的传播子写成$(1/k^2)-[1/(k^2-\lambda^2)]$，你也能看出这一点. 它相当于引入一个质量为 λ 的额外光子或矢量粒子的传播子 $-[1/(k^2-\lambda^2)]$. 负号意味着它以 $-e^2$ 而不是 $+e^2$ 耦合，也就是说这种光子的耦合必须是一个虚的耦合常数 ie. 哈密顿量不是厄米的，所以概率不守恒，混乱随之而来.

没有人能解决这个问题：找到一个与量子力学(振幅叠加性)和相对论一般原理相一致且包含一个任意函数的理论. 你不能改变了传播子 $1/k^2$，又不使理论崩溃. 注意到这个困难在非相对论量子力学中不会发生. 在那里一个任意函数，势 $V(r)$可以在一个相当大

的范围内变化.相对论加上量子力学似乎有非常严格的限制,但我们无疑也加入了未知的隐含假设(如空间上无限短的距离).

通过对图 29.1 中的各个图求和,我们已经计算出了它们对自能的贡献,并且知道它们是对数发散的.但是我们遗漏了图 29.2 中的那一类图.这一项对 C 和 δm 都有 e^4 阶的贡献.它按 $e^4[\ln(\lambda/m)]^2$ 变化.如果我们把所有这些图都包括进来,也许可以证明自能是有限的.盖尔曼和楼(Low)已经能够求出 $\ln(\lambda/m)$ 的所有高阶项之和,结果仍然是发散的.看起来 C 按照

$$(\lambda^2/p^2)ae^2 + be^2 + \cdots$$

变化,这里 a,b,…,是数字.

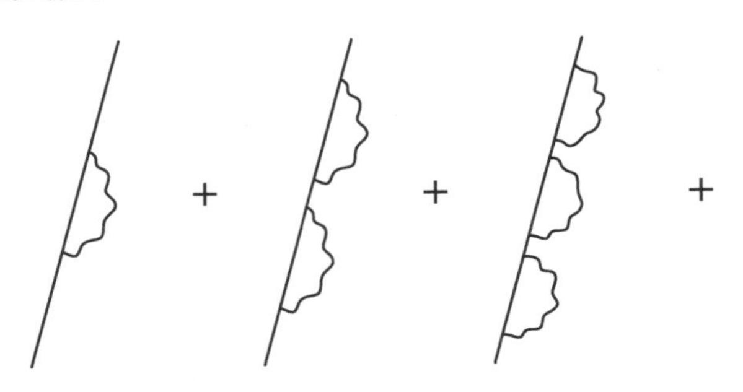

图 29.1

图 29.2

还有一类新的图有待于讨论,也就是对产生后自身湮灭,如图 29.3 所示.

我们来看看虚光子的效应(辐射修正).例如,考虑一个电子与势 $V(r)$ 的散射(关于势的含义的讨论见第 30 章).包含虚光子的最低阶图如图 29.4 所示.当我们将这三个图的贡献加起来时,其对耦合强度的修正(传播子中的因子 $1+r$)就抵消了.对于足够低的能量,最终的效应在康普顿波长的范围上抹掉了这个势.非常粗略地,有

$$V(r) \to V(r) + \mathrm{const}(e^2/m^2)\nabla^2 V(r)$$

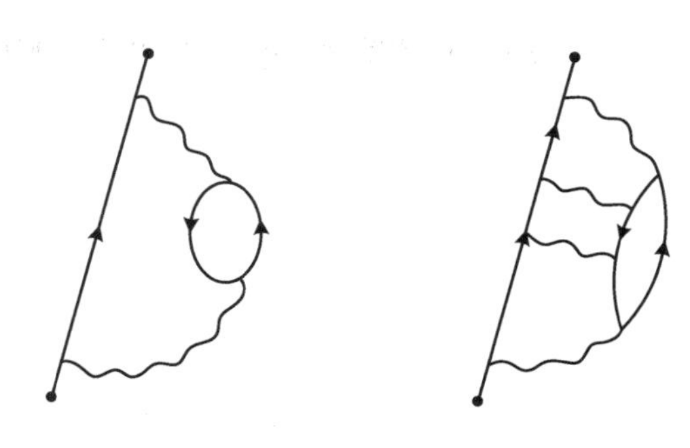

图 29.3

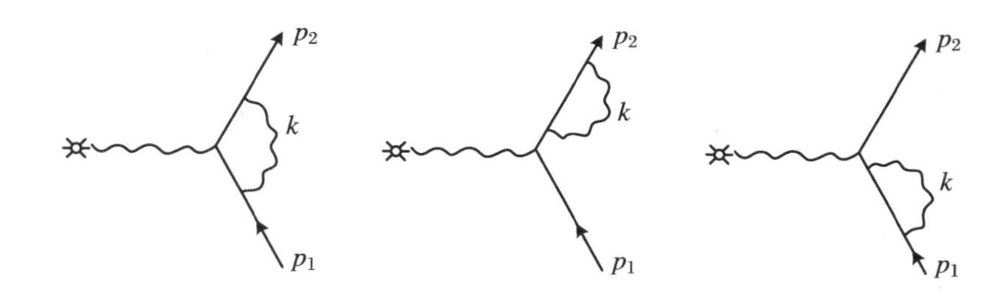

图 29.4

在原子中势的这个变化会改变能级. 考虑氢原子的情况. 假设电子和质子之间是纯的库仑势，狄拉克理论预言 $2s_{1/2}$ 和 $2p_{1/2}$ 具有相同的能量. 然而，我们已经发现等效的质子－电子势还有一项，它正比于 $\nabla^2 V(r) = -4\pi\rho$（$\rho$ 是质子的电荷密度）. 因为 ρ 在原点之外的地方消失，所以只会影响 s 态的能量，使其移动～1000 Mc. 如果还考虑来自图 29.5（真空极化）的修正，理论预言的移动为 1057 ± 0.1 Mc. 这和实验结果有细微的差异，也许有必要计算下一阶的贡献.

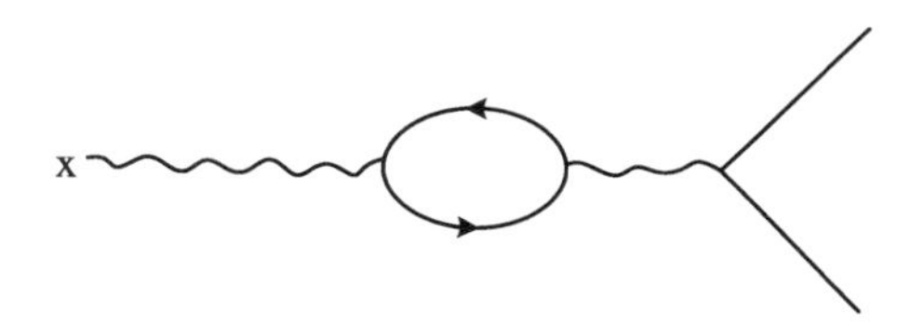

图 29.5

如果外势是磁场，那么虚光子的效应就会改变电子的磁矩. 它的有效磁矩 μ_e 已经计算到 e^4 阶，结果为

$$\mu_e = \mu_0[1 + (e^2/2\pi) - 0.328(e^4/\pi^2)] = \mu_0(1.0011596)\mu_0$$

这里 $\mu_0 = e/2m$.[e^4 项正确的系数最近才由彼得曼(Petermann)和索末菲(Sommerfield)分别得到.卡普拉斯(Karplus)和克罗尔(Kroll)完成的第一次计算给出 2.973.]磁矩是通过确定 μ_e/μ_P(μ_P = 质子磁矩)来测量的. μ_e/μ_P 的测量相当精确,但是 μ_P/μ_0 有两个冲突的实验结果:一个给出 $\mu_e/\mu_0 = 1.00146 \pm 0.000012$,另一个给出 $\mu_e/\mu_0 = 1.001165 \pm 0.00011$(见参考文献[12]).

电荷重整化 之前我说过量子电动力学还有另一个无穷大.

图 29.6 中出现了虚的正负电子对.我们可以再次将图 29.7 中的各个分图求和.

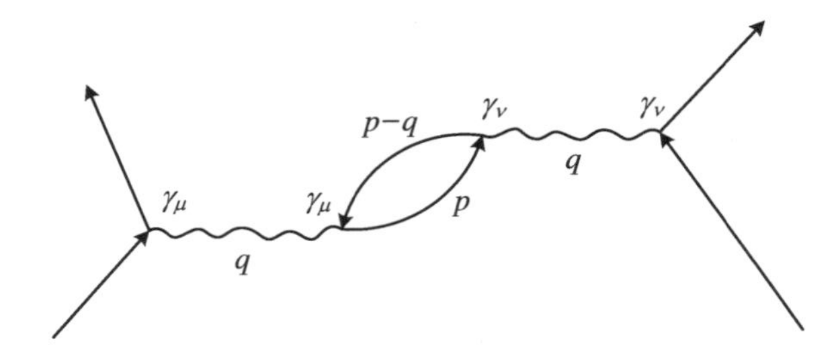

图 29.6

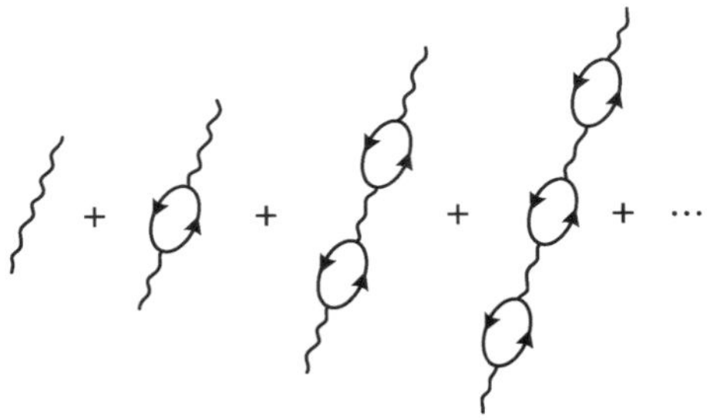

图 29.7

相应的级数是

$$\frac{1}{q^2} + \frac{1}{q^2}X\frac{1}{q^2} + \frac{1}{q^2}X\frac{1}{q^2}X\frac{1}{q^2} + \cdots = \frac{1}{q^2 - X}$$

这里 X 是正负电子圈的贡献.

结果表明,对于小的 q^2,$X = q^2 Y$,Y 接近一个常数(这实际上到 e^2 的所有阶都正确).因此

$$1/(q^2 - X) = 1/[q^2(1 - Y)]$$

传播子的极点依然在 $q^2 = 0$ 处.这表明光子的静止质量保持为零.然而因子 $1/(1 - Y)$ 总是与 e^2 相乘.因此实验上测得的电荷 e_{exp} 为

$$e_{\text{exp}} = e/(1 - Y)^{1/2}$$

这个效应被称为电荷重整化.当计算 Y 时,你会再次得到无穷大.但是你可以采用和处理质量同样的方法来修正这个对数发散.现在我们可以看到一个质量重整化的物理例子:粒子带电和不带电(见第 28 章).但是至今我们还无法看出电荷重整化的物理含义.不过我们知道

$$e_{\text{exp}}^2 = 1/137.0369$$

假设一个未来的理论预言理论质量的某种简单结果.比如,贝塞尔函数的根,或一些类似的情况

$$e_{\text{th}}^2 = 1/141$$

但是和实验的一致性只能在电荷重整化修正后得到,从而有 $e_{\text{exp}}^2 = 1/137$.然而这完全是猜测性的!

现在我们来看 X 是什么.我们不得不计算图 29.8 的贡献.

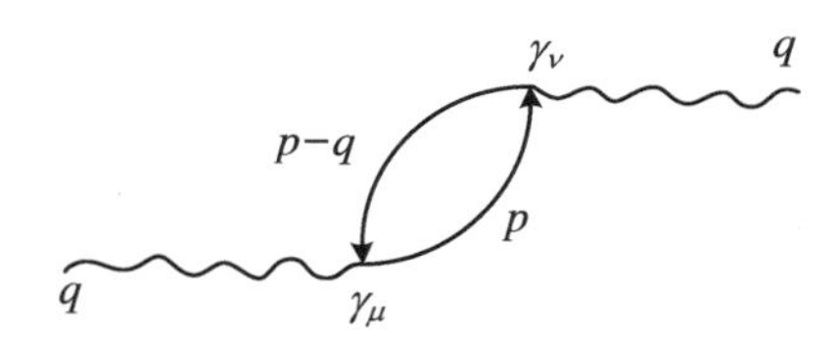

图 29.8

沿着闭合圈,顺着电子线,我们有 $(4\pi)^{1/2}e\gamma_\mu$ = 湮灭光子的振幅,$1/(\not{p} - m)$ = 两光子顶角之间的电子传播振幅,$(4\pi)^{1/2}e\gamma_\nu$ = 发射一个带极化 ν 光子的振幅,$1/(\not{p} - \not{q} - m)$ = 回到其初始点的电子传播振幅.因此总振幅是

$$4\pi e^2 U_i[1/(\not{p} - \not{q} - m)]\gamma_\nu[1/(\not{p} - m)]\gamma_\mu U_i$$

这里 U_i 是电子的初始态(不必满足狄拉克方程,因为它代表虚电子).但是所有可能的动量 p 和初始态 U_i 都能出现.因此

$$X_{\nu\mu} = 4\pi e^2 \int \mathrm{spur}\,\{[1/(\not{p}-\not{q}-m)]\gamma_\nu[1/(\not{p}-m)]\gamma_\mu\}[\mathrm{d}^4 p/(2\pi)^4]$$

怎么求这个积分的细节见参考文献[11].如何消去无穷大的建议首先由泡利和贝特提出.不能采用收敛因子来修改电子传播子,因为那样得到的表达式不是规范不变的.而是应该用电子质量 m 算被积函数,然后减去带有不同质量 M 的相同被积函数来计算.结果是对数发散的,但可以通过将 e 换成 e_{exp} 来解决.

电荷重整化的贡献不仅来自虚的正负电子对,而且来自所有的带电正反粒子对.那么重整化的电子电荷是否会不同,比如来自质子的贡献?答案是否定的.如果电子–光子的耦合被图 29.9 的贡献改变,那么质子–光子的耦合会有同样的图(图 29.10).

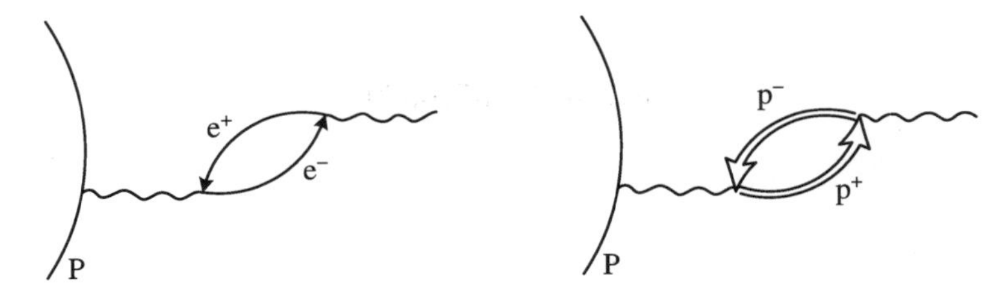

图 29.9

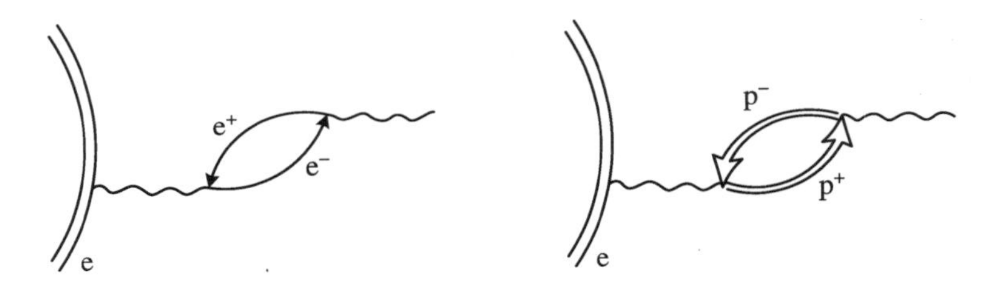

图 29.10

(实际上如果我们考虑介子理论,还有额外的图,如图 29.11 所示.它们会导致类似反常磁矩的东西,但不改变核子的总电荷.)

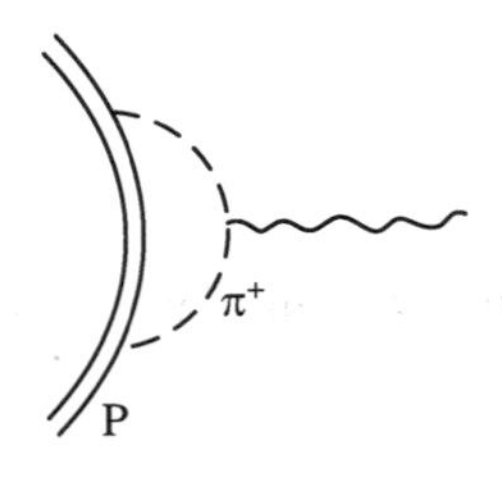

图 29.11

第 30 章

介子理论

你们已经习惯于见到写成如下形式的狄拉克方程(或类似的薛定谔方程):

$$(\mathrm{i}\nabla\!\!\!/ - \boldsymbol{A} - m)\Psi = 0$$

其中 $\boldsymbol{A}$ 是外加的势.本质上可以认为这个结果是对我们已经给出的规则的近似,并且可以由之导出.因此我们要问:什么时候相互作用的一部分可以被描述为外势?

考虑一个电子和某个产生虚光子的机器相互作用,产生一个动量为 q、极化 μ 分量的虚光子的振幅是 $A_\mu(q)$.那么描述(图 30.1)中这部分相互作用的矩阵元是

$$\int[1/(p\!\!\!/ + q\!\!\!/ - m)]\gamma_\mu[1/(p\!\!\!/ - m)]A_\mu(q)[\mathrm{d}^4 q/(2\pi)^4]$$

$p+q$ 是电子吸收光子后的"真实的"动量.

现在这个源可能放出两个、三个或者四个光子.对于两个光子,近似的传播子是

$$\iint \frac{1}{p\!\!\!/ + q\!\!\!/_1 + q\!\!\!/_2 - m}\gamma_\nu \frac{1}{p\!\!\!/ + q\!\!\!/_1 - m}\gamma_\mu \frac{1}{p\!\!\!/ - m} f_{\mu\nu}(q_1, q_2) \frac{\mathrm{d}^4 q_1}{(2\pi)^4} \frac{\mathrm{d}^4 q_2}{(2\pi)^4}$$

$f_{\mu\nu}(q_1, q_2)$是发射出两个光子的振幅,等等.

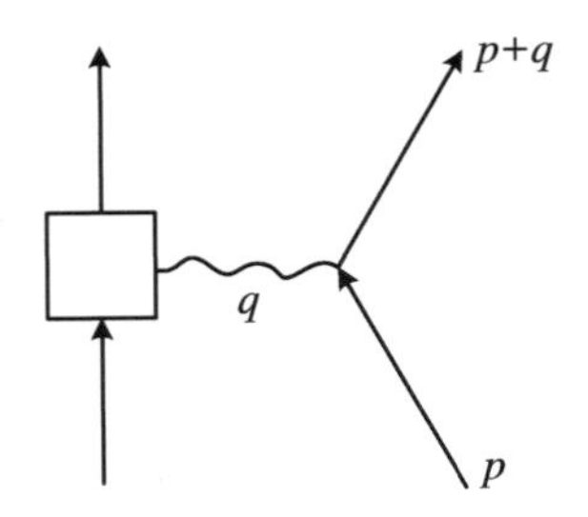

图 30.1

很重要的一点是，存在基本上不受发射第一个光子所影响的外源. 这意味着

$$f_{\mu\nu}(q_1,q_2) = A_\mu(q_1)A_\nu(q_2)$$

也就是说，对于这样的源，发射第二个光子与是否发射第一个光子无关.①只有这样我们才能说源产生了一个外加的势.［严格来说，我们假设三个光子的振幅为 $A_\mu(q_1)A_\nu(q_2)A(q_3)$，等等，对于任意数目的光子类似.］一个电子在外场下的总的传播子则是

$$\frac{1}{\not p - m} + \frac{1}{\not p + \not q - m}\not A(q)\frac{1}{\not p - m} + \frac{1}{\not p + \not q_1 + \not q_2 - m}\not A(q_2)\frac{1}{\not p + \not q - m}$$
$$\times \not A(q_1)\frac{1}{\not p - m} + \cdots$$

加上类似的项（要将积分考虑进去），因为任意数目的光子都能被吸收.

这个级数求和可以被求出. 我们将用两种方式来求解. 第一种，令"真实的动量"$\not p + \not q_1 + \cdots = \not P$，将其看作一个算符，在作用到 $\not a$ 后改变它的值，其中

$$\not a \equiv \not A(q)[\mathrm{d}^4 q/(2\pi)^4]$$

那么，上面的级数可以写成

$$\frac{1}{\not P - m} + \frac{1}{\not P - m}\not a\frac{1}{\not P - m} + \cdots$$

① 显而易见，其中的一个要求是源必须在发射一个光子后保持跟原来一样的状态. 例如，对于一个重粒子，发射一个光子的反冲作用是可以忽略的.

作为另一个更加微妙的例子，考虑一个包含许多电子的大的磁体. 现在单个电子不能给出通常的外磁场，因为当放出光子时，自旋有～1/2 的机会反转. 但是对于铁，情况会不同. 定义 x 和 y（对于单个电子）：x 为发射一个光子后保持在原状态的振幅（$x^2 \sim 1/2$），y 则变成另一个状态的振幅. 令 N 为在该铁块内部的电子数，那么我们有：一个电子保持原来状态的振幅为 Nx，一个电子改变状态的振幅为 y，因为如果电子反转，我们可以区分那个有缺陷的电子. 对应的概率分别是 $(xN)^2$，Ny^2，因此保持自旋不变的振幅实际上比改变状态的大 $O(\sqrt{N})$ 倍.

我们可以看出来它是 $1/(\not{p}-m-\not{a})$ 的展开.

另一种方式如下：考虑图 30.2 中的图. 在每一个图中有"最后"的光子. 在最后一个光子被吸收后到达 a 位置的振幅 Ψ 是什么？

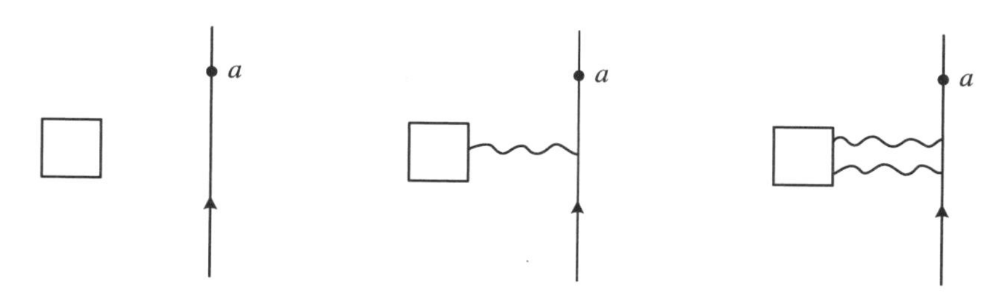

图 30.2

这里 Ψ 也是除去有限个光子以外的光子都被吸收后的振幅. 因此 $[1/(\not{p}-m)]\not{a}\Psi$ [在"最后"一个光子之前的振幅 Ψ 乘上散射"最后"一个光子的振幅 $\not{a}$ 和传播子 $1/(\not{p}-m)$]加上没有光子的振幅 φ 后仍是 Ψ：

$$\Psi=[1/(\not{p}-m)]\not{a}\Psi+\varphi$$

其中

$$(\not{p}-m)\varphi=0$$

因此

$$(\not{p}-m-\not{a})\Psi=0$$

换一种方式，如果 φ_n 表示在吸收 n 个光子之后的振幅，那么

$$\varphi_{n+1}=[1/(\not{p}-m)]\not{a}\varphi_n$$

而且

$$\Psi=\sum_{n=0}^{\infty}\varphi_n=\varphi_0+[1/(\not{p}-m)]\not{a}\Psi$$

介子理论 目前并没有一个定量的介子理论. 现有的理论是基于与量子电动力学的类比(表 30.1). 这个理论明显是人类的发明！由于自然界更加具有创造性，它可能是错误的.

如果你愿意，可以画出图，加入正确的保证电荷守恒规则. 但是这些图对应一个微扰展开，由于 $g^2\simeq15$ 不是 1/137，故每下一阶项都比前一项更重要！

表 30.1

介子理论	电动力学
传播子:核子　$1/(\not{p}-m_N)$	电子　$1/(\not{p}-m_e)$
π 介子(自旋 0)　$1/(q^2-m_\pi^2)$	光子(自旋 1)　$-1/q^2$
耦合:$4\pi g\overline{\Psi}_N\gamma_5\varphi_\pi\Psi_N$	$4\pi e\overline{\Psi}_e\gamma_\mu a_\mu\Psi_e$

注:γ_5 的出现是由于 π 子是赝标粒子.

那个 γ_5 的耦合称作赝标耦合(PS).还有赝矢耦合(PV)($\gamma_5\not{q}$)也是可能的.但是,对于赝矢耦合有一个偏见——它不能被重整化,由于在分子上有更多的动量,每下一阶要比前面的更发散.

看上去如果这个理论基本上是正确的,实验本应该已经给了我们一些关于正确的近似是什么的暗示.

第31章

β 衰变的理论

前面我们已经讨论了电动力学.仅有的另一个可以进行定量计算的过程是β衰变.这是在某些原子核中的 $N \to P + e + \bar{\nu}$ 中首先观测到的($\bar{\nu}$ 被定义为反中微子).你们知道中微子.假定它的存在是为了保持能量、动量和自旋守恒.它可以具有0质量和自旋1/2.

1934年左右,费米提议将这个跃迁的振幅写为 $g(\Psi_N \Psi_P \Psi_e \Psi_\nu)$ 的形式,其中 Ψ 是对应粒子的波函数.没有任何对 Ψ 的导数,电子的能谱可以仅由末态的密度得到.(起初,这在实验上看来并不对.所以科诺平斯基(Konopinski)和乌伦贝克(Uhlenbeck)建议应该加入对波函数的导数,并且得到了跟实验一致的谱.但是所有的实验都是错误的,由于没有考虑到在箔片中的背向散射.吴健雄女士用越来越薄的箔片做实验发现了这个问题.费米是正确的.科诺平斯基和乌伦贝克的理论终结了.)

一个很明显的问题是:每个波函数有四个分量,那么将哪一个分量放入耦合中呢?总共有256种可能性.在物理上,我们问的是这个耦合是如何依赖于粒子的自旋的?我们需要寻找的是在转动和洛伦兹变换下不变的耦合.

一个可能性是 $C_S(\overline{\Psi}_P \Psi_N)(\overline{\Psi}_e \Psi_\nu)$,称作标量耦合.另一个可能性是矢量耦合,

$$C_V(\overline{\Psi}_P \gamma_\mu \Psi_N)(\overline{\Psi}_e \gamma_\mu \Psi_\nu)$$

也是不变的.(这是费米作为一个例子提出的.)

你可以继续发明.利用二阶的反对称张量

$$\sigma_{\mu\nu} = (\mathrm{i}/2)(\gamma_\mu\gamma_\nu - \gamma_\nu\gamma_\mu)$$

我们可以构造张量耦合

$$C_T(\overline{\Psi}_{\mathrm{P}}\sigma_{\mu\nu}\Psi_{\mathrm{N}})(\overline{\Psi}_{\mathrm{e}}\sigma_{\mu\nu}\Psi_\nu)$$

剩下的是轴矢耦合

$$C_A(\overline{\Psi}_{\mathrm{P}}\gamma_\mu\gamma_5\Psi_{\mathrm{N}})(\overline{\Psi}_{\mathrm{e}}\gamma_\mu\gamma_5\Psi_\nu)$$

和赝标耦合

$$C_p(\overline{\Psi}_{\mathrm{P}}\gamma_5\Psi_{\mathrm{N}})(\overline{\Psi}_{\mathrm{e}}\gamma_5\Psi_\nu)$$

正确的耦合可以是这些任意的线性组合.我们假设了空间反射不变(宇称守恒);$C'_S(\overline{\Psi}_{\mathrm{P}}\gamma_5\Psi_{\mathrm{N}})\times(\overline{\Psi}_{\mathrm{e}}\Psi_\nu)$在转动和洛伦兹变换下不变,但是在空间反射下改变符号.对另外的四项,如果我们插入额外的 γ_5 也是同样的.如果我们将在空间反射下改变符号的耦合和不改变符号的耦合组合到一起,宇称会被破坏.因此这些耦合直到遇到 K^+ 介子衰变的困难(τ-θ 疑难)之前被忽略掉了.K^+ 会衰变到 2π 和 3π,而这两种情形的末态的宇称是不同的.李和杨建议了几个实验来探寻这种明显的宇称守恒的缺失是否为弱相互作用特有的.根据吴的$^{60}\mathrm{Co}$ 的实验(见第 7 章),电子在自旋的反方向上射出.这意味着你可以将转动和空间的某一个方向产生联系,所以反射对称性没有被遵守.数学上,β 衰变中宇称守恒的破坏意味着在正常的耦合之外,在空间反射下改变符号的耦合必须被包含进来.如果这些常数 C 是实的,理论在时间反演下是不变的.但是,在宇称失效被证实之后人们紧接着也开始怀疑时间反演不变性的正确性.所以,理论有 10 个复的 C 或者 20 个常数.

李和杨做了下一个猜想,朗道(Landau)和萨拉姆(Salam)也独立地给出了.他们的想法是宇称守恒的缺失是由于中微子必须一直是左手自旋的①.(起初他们将它设成右手自旋的②,是错的.)回想一下,当我们考虑自旋为 1/2 的相对论性粒子时,最简单的表示是一个两分量的振幅,满足方程

$$(E - \boldsymbol{\sigma}\cdot\boldsymbol{P})u = 0$$

---

① 译者注:此处及后面原文为 spin to the left 的地方,翻译成“左手自旋”.

② 译者注:此处及后面原文为 spinning to the right 的地方,翻译成“右手自旋”.

或者

$$(E+\boldsymbol{\sigma}\cdot\boldsymbol{P})v=0$$

李和杨说的是中微子必须只存在于这两个态中的一个.中微子的方程最终证明是

$$(E+\boldsymbol{\sigma}\cdot\boldsymbol{P})v=0$$

还记得如果我们坚持用一阶方程的话,对于电子我们必须写下方程

$$(E-\boldsymbol{\sigma}\cdot\boldsymbol{P})u=mv$$
$$(E+\boldsymbol{\sigma}\cdot\boldsymbol{P})v=mu$$

但是,很明显 v 也满足二阶方程

$$(E-\boldsymbol{\sigma}\cdot\boldsymbol{P})(E+\boldsymbol{\sigma}\cdot\boldsymbol{P})v=m^2v$$

盖尔曼和我建议电子也是由两分量的旋量 v 来表示.那么β衰变的耦合就仅包含两分量的波函数 v.相对论不变的唯一的没有微商的耦合是

$$G(v_{\mathrm{P}}^{*}\sigma_{\mu}v_{\mathrm{N}})(v_{\mathrm{e}}{}^{*}\sigma_{\mu}v_{\nu})$$
$$\sigma_4=1,\quad \sigma_{1,2,3}=\text{泡利自旋矩阵}$$

马沙克(Marshak)和苏达尚(Sudarshan)可能在早些时候也做了同样的提议.

我们已经有了一个β衰变的唯一理论,只有一个耦合常数 G.当它最初被提出时,至少与三个被认可的实验相违背,但是它们都被证实是错的.

我曾试图用两分量波函数来教量子电动力学.这样做唯一的困难是你将不能阅读任何文献.因此,我们还是将β耦合用四分量表示.在我们的 γ 矩阵表示中,有

$$\mathrm{i}\gamma_5=\begin{pmatrix}-1&0&0&0\\0&-1&0&0\\0&0&1&0\\0&0&0&1\end{pmatrix}$$

令

$$a=(1/2)(1+\mathrm{i}\gamma_5)=\begin{pmatrix}0&0&0&0\\0&0&0&0\\0&0&1&0\\0&0&0&1\end{pmatrix}=\begin{pmatrix}0&0\\0&1\end{pmatrix}$$

那么,如果

$$\Psi = \begin{pmatrix} u \\ v \end{pmatrix}$$

其中 u 和 v 是两分量的波函数，则

$$a\Psi = \begin{pmatrix} 0 \\ v \end{pmatrix}$$

同样有

$$\bar{a} = (1 - \mathrm{i}\gamma_5)/2 = \begin{pmatrix} 1 & 0 \\ 0 & 0 \end{pmatrix}$$

和

$$\bar{a}\Psi = \begin{pmatrix} u \\ 0 \end{pmatrix}$$

这里 a 和 $\bar{a}$ 是投影算符. 你可以验证

$$a^2 = a, \quad \bar{a}^2 = \bar{a}, \quad a\bar{a} = \bar{a}a = 0, \quad \bar{a} + a = 1$$

并且 a 投影出 Ψ 中 v 的分量. 因此，耦合用四分量形式表示成

$$G(\overline{a\Psi_{\mathrm{P}}}\gamma_\mu a\Psi_{\mathrm{N}})(\overline{a\Psi_{\mathrm{e}}}\gamma_\mu a\Psi_\nu)$$

由于 $\bar{a}\gamma_\mu = \gamma_\mu a$ 而且 $aa = a$，此式可以被简化为

$$G(\overline{\Psi_{\mathrm{P}}}\gamma_\mu a\Psi_{\mathrm{N}})(\overline{\Psi_{\mathrm{e}}}\gamma_\mu a\Psi_\nu)$$

23 年之后，我们回到了费米结果！

这里对费米的规则的修改只是将 Ψ 替换成了 $a\Psi$. 我们用 23 年的时间找到了这个 a. 很容易验证如果将这个替换应用到所有的 β 耦合，那么标量、张量、赝标部分消失，而矢量和轴矢给出上面的结果. 历史上，萨拉姆、朗道、李和杨都建议应该总是将中微子的波函数乘上 a. 之后我建议对电子和 μ 子也是，但是对将其应用到中子和质子上比较犹豫，因为我认为有些实验是错误的. 最后，马沙克和苏达尚，还有盖尔曼和我提出了一般的规则，把每一个 Ψ 替换成了 $a\Psi$.

我们现在来考察这个理论的物理内涵是什么. 为此，我们来看一个极化的中子的衰变. 为了简单起见，我们忽略掉核子的运动(令核子质量 $M\to\infty$)和质子的自旋. 这个过程的振幅 m 为

$$m = G(\bar{U}_P \gamma_\mu a U_N)(\bar{U}_e \gamma_\mu a U_\nu)$$

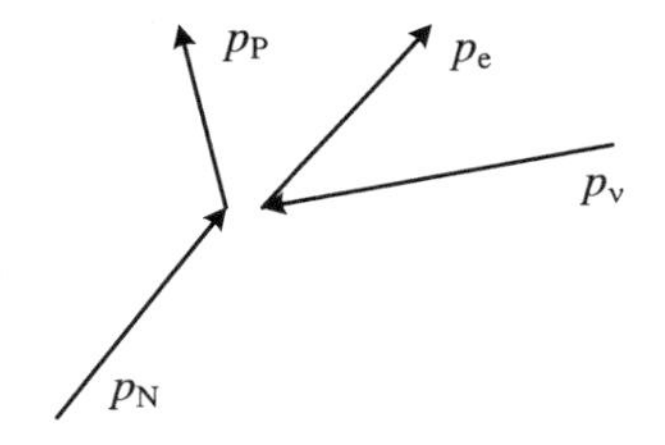

我们感兴趣的是将质子的两个自旋态求和后的 $m^* m$. 对中子和电子的自旋使用投影算符 $(1/2)(1+\mathrm{i}\not{W}_N \gamma_5)$ 和 $(1/2)(1+\mathrm{i}\not{W}_e \gamma_5)$,得到

$$\sum_{\text{质子自旋}} m^* m = G^2 \mathrm{spur}\{\gamma_\nu a(\not{p}_P + M)\gamma_\mu a(\not{p}_N + M)[(1+\mathrm{i}\not{W}_N\gamma_5)/2]\}$$
$$\times \mathrm{spur}\{\gamma_\nu a(\not{p}_e + m)[(1+\mathrm{i}\not{W}_e\gamma_5)/2]\gamma_\mu a \not{p}_\nu\}$$

考虑包含核子坐标的第一个求迹运算[①]. 利用 $a^2 = a$ 和 $\bar{a}a = 0$ 的事实消掉一个 a,那么

$$\begin{aligned}&\mathrm{spur}\{\gamma_\nu a(\not{p}_P + M)\gamma_\mu a(\not{p}_N + M)[(1+\mathrm{i}\not{W}_N\gamma_5)/2]\}\\ &= (1/2)\mathrm{sp}[\gamma_\nu \not{p}_P \gamma_\mu(\not{p}_N + M)(1+\mathrm{i}\not{W}_N\gamma_5)\bar{a}]\end{aligned}$$

现在

$$(1+\mathrm{i}\not{W}_N\gamma_5)\bar{a} = (1-\not{W}_N)\bar{a}$$

由于奇数个 γ 矩阵乘积的迹是 0,故我们剩下的是

$$(1/2)\mathrm{sp}[\gamma_\nu \not{p}_P \gamma_\mu(\not{p}_N - M\not{W}_N)(1-\mathrm{i}\gamma_5)]$$

选取 z 轴沿着中子极化的方向. 在 $M\to\infty$ 的极限下,此式变成了

$$(M^2/2)\mathrm{sp}[\gamma_\nu\gamma_t\gamma_\mu(\gamma_t + \gamma_z)(1-\mathrm{i}\gamma_5)]$$

利用

$$(1/4)\mathrm{sp}\ \not{a}\not{b}\not{c}\not{d} = (a\cdot b)(c\cdot d) - (a\cdot c)(b\cdot d) + (a\cdot d)(b\cdot c)$$

我们得到

$$\begin{aligned}(1/4)\mathrm{sp}\ \gamma_\nu\gamma_t\gamma_\mu\gamma_t &= 2\delta_{\nu t}\delta_{\mu t} - \delta_{\mu\nu}\\ (1/4)\mathrm{sp}\ \gamma_\nu\gamma_t\gamma_\mu\gamma_z &= \delta_{\nu t}\delta_{\mu z} + \delta_{\nu z}\delta_{\mu t}\end{aligned}$$

(一个更简单的方法是对每一个特殊的 μ 和 $\nu = t, x, y, z$ 情形进行计算). 又

$$(1/4)\mathrm{sp}\ \gamma_\nu\gamma_t\gamma_\mu\gamma_t\gamma_5 = 0$$

---

① 注意,对于中微子,通常的归一化 $\bar{U}U = 2m$ 不能使用. 但是,我们是在计算求迹. 在 $m\to 0$ 极限下唯一发生的是投影算符变成了简单的 $\not{p}$.

$$(1/4)\mathrm{sp}\ \gamma_\nu\gamma_t\gamma_\mu\gamma_z\gamma_5 = -\delta_{\nu x}\delta_{\mu y} + \delta_{\nu y}\delta_{\mu x}$$

因此

$$\begin{aligned}&(1/4)\mathrm{sp}[\gamma_\nu\gamma_t\gamma_\mu(\gamma_t + \gamma_z)(1 - \mathrm{i}\gamma_5)] \\ &\quad = 2\delta_{\mu t}\delta_{\nu t} - \delta_{\mu\nu} + \delta_{\mu t}\delta_{\nu z} + \delta_{\mu z}\delta_{\nu t} - \mathrm{i}(\delta_{\mu x}\delta_{\nu y} - \delta_{\mu y}\delta_{\nu x})\end{aligned}$$

包含电子中微子的迹也可以简化成如下形式：

$$(1/2)\mathrm{sp}[\gamma_\mu \not{P}_\nu \gamma_\nu(\not{P}_\mathrm{e} - m\not{W}_\mathrm{e})(1 - \mathrm{i}\gamma_5)]$$

现在我们需要计算

$$\mathrm{sp}[\gamma_\nu\gamma_t\gamma_\mu(\gamma_t + \gamma_z)(1 - \mathrm{i}\gamma_5)]\mathrm{sp}[\gamma_\mu \not{P}_\nu \gamma_\nu(\not{P}_\mathrm{e} - M\not{W}_\mathrm{e})(1 - \mathrm{i}\gamma_5)]$$

将我们的式子代入左手边的求迹，我们得到

$$4\mathrm{spur}[(2\gamma_t \not{P}_\nu \gamma_t - \gamma_\mu \not{P}_\nu \gamma_\mu + \gamma_t \not{P}_\nu \gamma_z + \gamma_z \not{P}_\nu \gamma_t - \mathrm{i}\gamma_x \not{P}_\nu \gamma_y + \mathrm{i}\gamma_y \not{P}_\nu \gamma_x)(\not{P}_\mathrm{e} - M\not{W}_\mathrm{e})(1 - \mathrm{i}\gamma_5)]$$

计算迹，这个表达式化简为

$$16(E_\nu + P_{\nu z})(E_\mathrm{e} - MW_{\mathrm{e}_t})$$

在电子的静止系中，$W_{\mathrm{e}_t} = 0$，$\boldsymbol{W} = \varepsilon(\boldsymbol{P}_\mathrm{e}/P_\mathrm{e})$，其中对于右手自旋的电子 $\varepsilon = +1$，对于左手自旋的电子 $\varepsilon = -1$. 由于 W_e 像一个4-矢量一样变换，故我们在实验室系有

$$W_{\mathrm{e}_t} = \gamma(0 + v_\mathrm{e}\varepsilon) = \varepsilon(E_\mathrm{e}/m)v_\mathrm{e}$$

最后，如果我们令 θ_ν 为中子自旋和发射的反中微子的方向之间的夹角，我们得到

$$\sum m^* m = 4G^2 M^2 E_\mathrm{e} E_\nu(1 + \cos\theta_\nu)(1 - \varepsilon v_\mathrm{e})$$

这表明了：

$$\begin{aligned}&\text{电子左手自旋的概率} = (1/2)[1 + (v_\mathrm{e}/c)] \approx 1, \quad \text{对于 } v \approx c \\ &\text{电子右手自旋的概率} = (1/2)[1 - (v_\mathrm{e}/c)] \approx 0, \quad \text{对于 } v \approx c\end{aligned}$$

因此，当电子由 β 衰变射出时，是左手自旋的. 中微子必须总是左手自旋的(反中微子是右手自旋的). 注意相对论性的电子表现类似于中微子，因为它们的静质量可以被忽略.

尽管发出的电子是各向同性的，反中微子主要是在中子的自旋方向上发出，具有$(1 + \cos\theta)$的分布.

我们可以看到，结果跟$^{60}\mathrm{Co} \to {}^{60}\mathrm{Ni}$ 的实验一致. 自旋分别是 5 和 4，所以总角动量改

变为 1. 反中微子[①]主要是在^{60}Co 原子核的自旋方向上发出，在它的传播方向上带有 1/2 单位的角动量. 为了保持总角动量守恒，电子必须沿着反方向发射(图 31. 1).

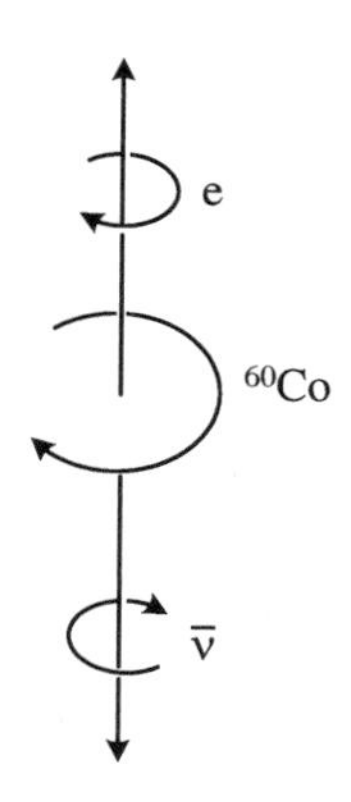

图 31. 1[②]

电子的能谱 dN 只是依赖于末态的态密度(见第 16 章)：

$$\mathrm{d}N \simeq (E_\mathrm{e} - E_0)^2 P_\mathrm{e} E_\mathrm{e} \mathrm{d}E_\mathrm{e}$$

其中

$$E_0 = M_\mathrm{N} - M_\mathrm{P}$$

中子衰变率为

$$1/\tau = [G^2/(2\pi)^3]\int_0^{E_0} (E_\mathrm{e} - E_0)^2 P_\mathrm{e} E_\mathrm{e} \mathrm{d}E_\mathrm{e}$$

① 译者注：原文为中微子，有误.

② 译者注：原文的图有误，箭头向上的应为电子 e(左手)，箭头向下的应为反中微子 $\bar{\nu}$(右手).

第 32 章

β 衰变耦合的性质

考虑过程 A + C→B + D：

$$振幅 = (\overline{\mathrm{B}}\mathrm{A})(\overline{\mathrm{D}}\mathrm{C}) = (\nu_{\mathrm{B}}^{*}\sigma_{\mu}\nu_{\mathrm{A}})(\nu_{\mathrm{D}}^{*}\sigma_{\mu}\nu_{\mathrm{C}})$$

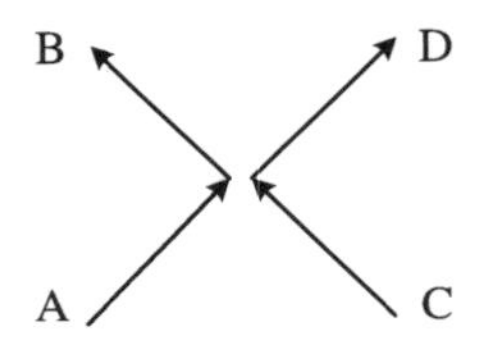

这些 ν 是二分量波函数，$\sigma_t = 1$，$\sigma_{x,y,z}$ = 泡利矩阵. 中子衰变对应于 $\mathrm{N}\to\mathrm{P}+\mathrm{e}+\bar{\nu}$（$\mathrm{N}+\nu\to\mathrm{P}+\mathrm{e}$）. 如果用 ν 的分量展开耦合，我们得到

$$(\overline{\mathrm{B}}\mathrm{A})(\overline{\mathrm{D}}\mathrm{C}) = 2(B_1D_2 - B_2D_1)^{*}(A_1C_2 - A_2C_1)$$

这里

$$\nu_A = \begin{pmatrix} A_1 \\ A_2 \end{pmatrix}，等等$$

A→C 或 B→D 交换只会改变其符号，因此

$$(\nu_{\mathrm{B}}^{*}\sigma_{\mu}\nu_{\mathrm{A}})(\nu_{\mathrm{D}}^{*}\sigma_{\mu}\nu_{\mathrm{C}}) = -(\nu_{\mathrm{D}}^{*}\sigma_{\mu}\nu_{\mathrm{A}})(\nu_{\mathrm{B}}^{*}\sigma_{\mu}\nu_{\mathrm{C}})$$

很清楚,它也等于 $2(\nu_{\bar{\mathrm{C}}}^{*}\nu_{\mathrm{A}})(\nu_{\mathrm{D}}^{*}\nu_{\bar{\mathrm{B}}})$,这里 $\nu_{\bar{\mathrm{B}}}=\sigma_{y}\nu_{\mathrm{B}}^{*}$.容易验证 $\nu_{\bar{\mathrm{B}}}$是反粒子 $\bar{\mathrm{B}}$ 的波函数.在四分量表示中,我们有

$$\begin{aligned}(\bar{\mathrm{B}}\mathrm{A})(\bar{\mathrm{D}}\mathrm{C}) &= (\bar{\Psi}_{\mathrm{B}}\gamma_{\mu}a\Psi_{\mathrm{A}})(\bar{\Psi}_{\mathrm{D}}\gamma_{\mu}a\Psi_{\mathrm{C}})\\ &= (\bar{\Psi}_{\mathrm{D}}\gamma_{\mu}a\Psi_{\mathrm{A}})(\bar{\Psi}_{\mathrm{B}}\gamma_{\mu}a\Psi_{\mathrm{C}})\\ &= 2(\bar{\Psi}_{\bar{\mathrm{C}}}a\Psi_{\mathrm{A}})(\bar{\Psi}_{\mathrm{D}}a\Psi_{\bar{\mathrm{B}}})\end{aligned}$$

这里

$$a = (1/2)(1+\mathrm{i}\gamma_{5})$$

上一个表达式是计算中最简单的,只是将 B 和 C 当作反粒子来处理.例如,中子衰变振幅 m 是 $2G(U_{\bar{\nu}}aU_{\mathrm{N}})(U_{\mathrm{e}}\bar{a}U_{\bar{\mathrm{P}}})$,那么

$$\begin{aligned}\sum_{\text{质子自旋}} m^{*}m &= 4G^{2}\mathrm{sp}\{\bar{a}(-\not{p}_{\nu})a(\not{p}_{\mathrm{N}}+M)[(1+\mathrm{i}\not{W}_{\mathrm{N}}\gamma_{5})/2]\}\times\\ &\quad \mathrm{sp}\{a(\not{p}_{\mathrm{e}}+m_{\mathrm{e}})[(1+\mathrm{i}\not{W}_{\mathrm{e}}\gamma_{5})/2]\bar{a}(-\not{p}_{\mathrm{P}}+M)\}\\ &= (1/4)G^{2}\mathrm{sp}[\not{p}_{\nu}(\not{p}_{\mathrm{N}}-M\not{W}_{\mathrm{N}})]\mathrm{sp}[(\not{p}_{\mathrm{e}}-m_{\mathrm{e}}\not{W}_{\mathrm{e}})\not{p}_{\mathrm{P}}]\\ &= 4G^{2}p_{\nu}\cdot(p_{\mathrm{N}}-MW_{\mathrm{N}})(p_{\mathrm{e}}-m_{\mathrm{e}}W_{\mathrm{e}})\cdot p_{\mathrm{P}}\end{aligned}$$

在 $M\to\infty$ 的极限下,结果变成

$$4G^{2}M^{2}E_{\mathrm{e}}E_{\nu}(1+\cos\theta_{\nu})(1-\varepsilon v_{\mathrm{e}})$$

可与使用

$$m = G(\bar{U}_{\mathrm{P}}\gamma_{\mu}aU_{\mathrm{N}})(\bar{U}_{\mathrm{e}}\gamma_{\mu}aU_{\nu}) \quad (\text{参见第 31 章})$$①

算出这个结果的工作量比较一下.

采用电子是一个粒子的约定(沿着时间方向向前),我们已经假设质子和中子也是粒子[耦合($\bar{\mathrm{P}}$N)($\bar{\mathrm{e}}\nu$)].那么相对中子自旋,中微子的角分布以 $1+\cos\theta$ 变化,但电子是各向同性的.如果假设 N 和 P 是反粒子[耦合($\bar{\mathrm{N}}$P)($\bar{\mathrm{e}}\nu$)],我们发现中微子是各向同性的,但电子以 $1+\cos\theta_{\mathrm{e}}$ 变化.特勒格迪(Telegdi)等(见参考文献[13])利用极化中子测量电子的角分布($1+A\cos\theta_{\mathrm{e}}$)和中微子的角分布($1+B\cos\theta_{\nu}$),得到 $A=-0.09\pm0.03$,$B=+0.88\pm0.15$.这与通常认为 N 和 P 是粒子的约定一致.

为了解释 μ 衰变,我们也假定耦合($\bar{\nu}\mu$)($\bar{\mathrm{e}}\nu$),且认为 μ^{-} 是与电子一样的粒子.计算电

① 译者注:原文为第 28 章,应为 31 章,原文有误.

子能谱，我们得到（与电子动量和 μ 子质量相比，忽略电子质量）

$$dN = 2x^2(3-2x)dx$$

这里 $x = P_e/P_m$，$p_m = m_\mu/2$ 是电子的最大能量. 相反，如果 μ^- 是反粒子，耦合为

$$(\bar{\mu}\nu)(\bar{e}\nu)$$

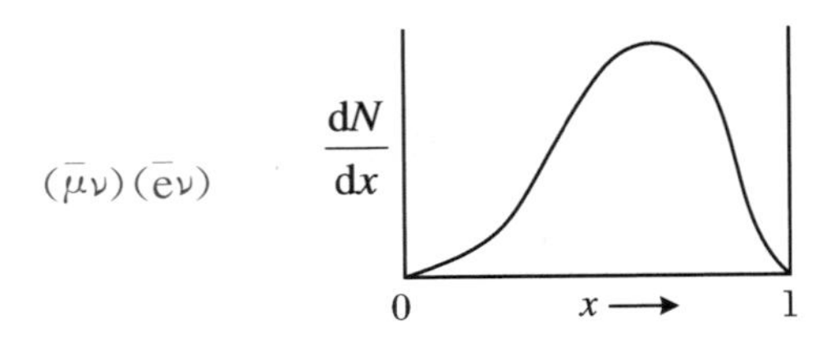

且电子能谱为

$$dN = 12x^2(1-x)$$

测量结果与 μ^- 作为粒子对应的能谱一致. 所有来自 β 衰变的粒子都是左手的.

事实证明中子和 μ 衰变的耦合常数是相同的. 如果我们将它写成 $\sqrt{8}G$（得到"老"的 G）：

$$GM_p^2 = (1.01 \pm 0.01) \times 10^{-5}$$

（引入质子质量使得 G 无量纲.）我们说 β 衰变过程的跃迁振幅正比于 $J^* J$，这里 J 是形如

$$J = \sum(\bar{B}A), \quad \bar{B}A = (\bar{\Psi}_B \gamma_\mu a \Psi_A)$$

的项，且对粒子 A 和 B 的各种不同组合求和. 这些粒子是什么？迄今我们只能确定不包括奇异粒子的部分

$$J = (\bar{e}\nu) + (\bar{N}p) + (\bar{\mu}\nu) + (\text{奇异粒子})$$

交叉项 $(\bar{P}N)(\bar{e}\nu)$ 给出 N 衰变，$(\bar{\nu}\mu)(\bar{e}\nu)$ 给出 μ 衰变，$(\bar{\nu}\mu)(\bar{N}P)$ 给出 μ 俘获. [注意 $(\bar{A}B)^* = (\bar{B}A)$.]

关于 β 衰变还有一种情况. 重新考虑中子衰变：

$$m = \sqrt{8}G\{\bar{\Psi}_P[(\gamma_\mu + i\gamma_\mu\gamma_5)/2]\Psi_N\}(\bar{\Psi}_e \gamma_\mu a \Psi_\nu)$$

通常质子和中子的运动非常缓慢. 因此研究一下非相对论近似会很有用. 我们有

$$\overline{\Psi}_P \gamma_\mu \Psi_N = (1/2M)\overline{\Psi}_P(\not{p}_P \gamma_\mu + \gamma_\mu \not{p}_N)\Psi_N$$

如果质子和中子静止不动,则有

$$\not{p}_P = \not{p}_N = M\gamma_t$$

且

$$\overline{\Psi}_P \gamma_\mu \Psi_N = \overline{\Psi}_P \Psi_N \delta_{\mu 4} = \begin{cases} 2M\delta_{\mu 4} & (\text{质子自旋平行于中子自旋}) \\ 0 & (\text{质子自旋不平行于中子自旋}) \end{cases}$$

这是耦合的费米部分.

采用类似的方式得到

$$\overline{\Psi}_P \mathrm{i}\gamma_\mu \gamma_5 \Psi_N = \begin{cases} \overline{\Psi}_P \sigma_\mu \Psi_N & (\mu = 1,2,3) \\ 0 & (\mu = 4) \end{cases}$$

这是伽莫夫-泰勒(Gamow-Teller)部分的贡献.很快发现费米耦合是不够的,因为它不能改变原子核的总角动量.所以伽莫夫和泰勒提出了一个正比于 σ 的项,它能带走单位角动量.

我们已经提出流中不包含奇异粒子的三项具有相同的振幅.然而 π 的相互作用会改变这个有效耦合.可以调整一些因子使得费米部分不变,但是伽莫夫-泰勒部分必须乘以因子 $x=1.25$(见参考文献[14]).^{14}O 的衰变是 $0\to 0$ 的跃迁,所以伽莫夫-泰勒部分没有贡献.耦合常数与从 μ 的寿命得到的结果在5%范围内吻合.

近来对理论令人注目的证实来自于对 π-e 衰变的观察.尽管不能计算 π-μ 和 π-e 的绝对衰变率,但可以得到它们的比值.π-e 衰变直到今年夏天才被确认.

33

第 33 章

课程的总结

我们已经给出了涉及少量粒子过程的规则.由于涉及大量粒子的过程可以通过这些基本过程来理解,因此在某种意义上我们已经描述了所有的物理学过程,如表 33.1 所示.

表 33.1

	im 计算规则	
传播子	自旋 0	$\mathrm{i}/(p^2-m^2)$
	自旋 1/2	$\mathrm{i}(\not{p}-m)$
	光子	$-(\mathrm{i}/k^2)$
电磁耦合	自旋 1/2	$-\mathrm{i}(4\pi)^{1/2}e\bar{v}\not{\varepsilon}u$
	自旋 0	$-\mathrm{i}(4\pi)^{1/2}e(p_1+p_2)\cdot\varepsilon+\mathrm{i}4\pi e^2\varepsilon_1\cdot\varepsilon_2$
β 衰变耦合	J^*J	

除了这些规则,当中间态的动量不确定时,必须要对 $\mathrm{d}^4p/(2\pi)^4$ 积分.

对于闭合(费米子)圈,取带负号的迹.

如果有全同粒子,交换振幅对整数自旋得到"+"号,对半整数自旋得到"-"号.挑战:最后一条规则并不独立于其他规则.为了得到自洽的概率,这是必要的.如果我对自旋 1/2 用"+"号,会得到荒谬的结果.但是,我没有一个完整的证明.

实践出真知.你现在可以自己计算许多物理问题了.你仍然不能做所有的事情,例如,多电子原子.答案包含在这些规则中,但你必须学会使用它们的非相对论的形式,这对应于薛定谔方程.另外,基于形式理论的论文也不容易阅读.然而,首先要了解物理问题是什么,然后试着解决它.最后,有一个物理学的分支——邱(Chew)和楼的理论以及色散关系,不包含在这些章节中.这是一种可能被认为是强耦合场论的方法.通过对 π 介子核子散射和 π 介子光产生的研究,他们发现了 π-核子相互作用振幅的近似公式.它是

$$(f/\mu)\gamma_5 \not{q}, \quad f^2 = 0.08$$

它只适用于能量不太大的情形.

附表　基本粒子[1]

粒子		自旋	奇异数	I	I_z	质量(MeV)	寿命(s)	衰变模式	分支比
引力子	p	2				0	不衰变		
光子	γ	1				0	不衰变		
轻子	e^-	1/2				0.510976 ± 0.000007	不衰变		
	μ^-	1/2				105.70 ± 0.06	$2.212\pm0.001\pm10^{-6}$	$e^-+\nu+\bar{\nu}$	~1
								$e^-+\gamma$	$<0.7\pm10^{-6}$[2]
								$e^-+e^++e^-$	1×10^{-5}[3]
	ν	1/2				0	不衰变	$e^-+\nu+\bar{\nu}+e^++e^-$	$(1.5\pm1.0)\times10^{-5}$[3]
介子	$\pi^\pm$	0	0	1	±1	139.63 ± 0.06	$(2.56\pm0.005)\times10^{-8}$	$\mu^\pm+\begin{Bmatrix}\nu\\\bar{\nu}\end{Bmatrix}$	~1
								$e^\pm\begin{Bmatrix}\nu\\\bar{\nu}\end{Bmatrix}$	$(1.1\pm0.3)\times10^{-4}$[4]
	π^0	0	0	1	0	135.04 ± 0.16	$<4\times10^{-16}$	2γ	1
	K^+	0	1	1/2	1/2	494.0 ± 0.2	$(1.224\pm0.013)\times10^{-8}$	$\pi^++\pi^-+\pi^+$	0.062 ± 0.003[5]
								$\pi^++\pi^0+\pi^0$	0.0215 ± 0.003[5]
								$\pi^++\pi^0$	0.25 ± 0.02[5]
								$\mu^++\nu+\pi^0$	0.039 ± 0.005[5]
								$e^++\nu+\pi^0$	0.051 ± 0.008[5]
								$\mu^++\nu$	0.58 ± 0.02[5]
	K^0	0	1	1/2	$-1/2$	497.9 ± 0.6	K_1^0:$(1.00\pm0.038)\times10^{-10}$	$\pi^0+\pi^0$	±0.08 } 0.49 ± 0.05[6]
								$\pi^++\pi^-$	0.37 }
							K_2^0:$6.1^{+1.6}_{-1.1}\times10^{-8}$	$\pi^0+\pi^0+\pi^0$	} ~0.05[7]
								$\pi^0+\pi^++\pi^-$	}
								$\mu^\pm+\begin{Bmatrix}\nu\\\bar{\nu}\end{Bmatrix}+\pi^\mp$	~0.22[8] } 0.45[7]
								$e^\pm\begin{Bmatrix}\nu\\\bar{\nu}\end{Bmatrix}+\pi^\pm$	~0.22[8] }

续表

粒子		自旋	奇异数	I	I_z	质量(MeV)	寿命(s)	衰变模式	分支比
重子	p	1/2	0	1/2	1/2	938.213±0.01	不衰变		
	n	1/2	0	1/2	−1/2	939.506±0.01	$(1.04\pm0.13)\times10^{3}$	$p+e^{-}+\nu$	1
	Λ	1/2	−1	0	0	1115.36±0.14	$(2.505\pm0.086)\times10^{-10}$	$p+\pi^{-}$	0.60±0.03[6]
								$n+\pi^{0}$	0.40±0.03[6]
								$p+e+\bar{\nu}$	~0.002[6]
								$p+\mu^{-}+\bar{\nu}$	~0.001[6]
	Σ^{+}	1/2	−1	1	1	1189.40±0.20	$(0.81\pm0.06)\times10^{-10}$	$n+\pi^{+}$	0.46±0.06[8]
								$p+\pi^{0}$	0.54±0.06[8]
								$n+e^{+}+\nu$	~0.004[6]
								$n+\mu^{+}+\nu$	~0.003[6]
								Λ+轻子	<0.002[6]
	Σ^{0}	1/2	−1	1	0	1191.5±0.5	$<0.1\times10^{-10}$	$\Lambda+\gamma$	1
	Σ^{-}	1/2	−1	1	−1	1196.0±0.3	$(1.61\pm0.1)\times10^{-10}$	$n+\pi^{-}$	99.6
								$p+e^{-}+\bar{\nu}$	~0.002[6]
								$p+\mu^{-}+\bar{\nu}$	~0.002[6]
								Λ+轻子	<0.001[6]
	Ξ^{0} 费米子		−2	1/2	1/2	1311±8.0	1.5×10^{-10}(1 event)	$\Lambda+\pi^{0}$	1 event
	Ξ^{-} 费米子		−2	1/2	−1/2	1318.4±1.2	$(1.28\pm0.35)\times10^{-10}$	$\Lambda+\pi^{-}$	~40 events

① Alvarez L W. The Interactions of Strange Particles. Kiev Conference, 1959. Also data from the 1960 Rochester Conference on High Energy Physics compiled by W. H. Barkas and A. H. Rosenfeld.
② Berley D, Lee J, Bardon H. Phys. Rev. Letters, 1959: 2, 357-359.
③ Lee J, Samios N P. Phys. Rev. Letters, 1959: 3 55-56.
④ Anderson H L, Fujii T A, Miller R H, et al. Phys. Rev. Letters, 1955: 2, 53-55, 64.
⑤ Steinberger.
⑥ Glazer D A. Strange Particle Decays, Kiev Conference, 1959. Data from several sources is reported; not combined.
⑦ Crawford F S, Cresti J M, Douglass R L, et al. Phys. Rev. Letters, 1959: 2, 361-363.
⑧ Gell-Mann M, Rosenfeld A H. Rev. Nuclear Sci., 1957: 7, 407.

参考文献

[1] Dirac P A M. Principles of Quantum Mechanics[M]. 4th ed. New York: Oxford, 1958: Chap. 1.

[2] Feynman R P. Revs. Modern Phys., 1948: 20, 367.

[3] Bohm D. Quantum Theory[M]. Englewood Cliffs, N.J.: Prentice-Hall, 1951: Chap. 6.

[4] Pauli W. Phys. Rev., 1940: 58, 716.

[5] Lüders G, Zumino B. Phys. Rev., 1958: 110, 1450.

[6] Pauli W, Weisskopf V. Helv. Phys. Acta, 1934: 7, 709.

[7] Gell-Mann M. Phys. Rev., 1957: 106, 1296.

[8] Dalitz R H. Physical Society (London), Reports on Progress in Physics, 1957: 20, 163.

[9] Feynman R P. Phys. Rev., 1949: 76, 749.

[10] Feynman R P. Phys. Rev., 1948: 74, 939.

[11] Feynman R P. Phys. Rev., 1949: 76, 769.

[12] Sommerfield C M. Phys. Rev., 1957: 107, 328.

[13] Telegdi V L, et al. Phys. Rev., 1958: 110, 1214.

[14] Feynman R P, Gell-Mann M. Phys. Rev., 1958: 109, 193.